高等学校土木工程专业"十四五"系列教材

土木工程结构有限元分析

杨润林　著

中国建筑工业出版社

图书在版编目（CIP）数据

土木工程结构有限元分析 / 杨润林著 . -- 北京：
中国建筑工业出版社， 2024. 10. --（高等学校土木工程
专业"十四五"系列教材）. -- ISBN 978-7-112-30390
-8

Ⅰ. U317

中国国家版本馆 CIP 数据核字第 2024AH5103 号

本书是在经典有限元问题计算分析的基础上，综合十余年来的授课资料撰写
而成。全书共分为 9 章，主要内容为绪论、有限元理论基础、变形体力学原理、
杆系结构单元分析、杆系结构整体分析、平面问题的有限元分析、弹性板壳分析
初步、地基土体对货车与波形梁护栏碰撞效应的影响及钢筋混凝土复合防护梁的
抗撞性能研究。每章之后均包含习题，类型主要包括思考题、计算题和设计题，
用于考查基本概念、加深内容理解和启发思维。

本书可供高等院校土木工程专业及相关专业师生、建筑科研单位的研究人员
和建筑企业内的工程技术人员参考应用。

责任编辑：周娟华

责任校对：赵　力

高等学校土木工程专业"十四五"系列教材

土木工程结构有限元分析

杨润林　著

*

中国建筑工业出版社出版、发行（北京海淀三里河路9号）

各地新华书店、建筑书店经销

北京鸿文瀚海文化传媒有限公司制版

建工社（河北）印刷有限公司印刷

*

开本：787 毫米×1092 毫米　1/16　印张：8¾　字数：211 千字

2025 年 9 月第一版　　2025 年 9 月第一次印刷

定价：**59.00** 元

ISBN 978-7-112-30390-8

（43751）

前　　言

在工程计算领域，针对某一问题的精确解或者说解析解经常是计算者所希望的。然而也必须注意到：如果问题变得复杂，这种解析解就求而不得了。实际解析法可以解决的问题是极其有限的，大量的工程问题均无法依靠这一途径进行处理。因此，这种情况下计算者就不得不另辟蹊径。

有限元分析是利用数学上近似的方法对真实的物理问题（包括但不限于力学问题）进行计算模拟分析。它可以利用简单而又相互作用的单元去逼近真实的连续性系统。通常单元的数量是有限的，因而单元的待求未知量即自由度也是有限的，但被模拟系统的自由度却可以是无限的。有限元分析方法几乎可以解决工程中遇到的各种实际问题，已经成为最有效的工程问题分析手段之一。

本书是在参考有限元经典理论以及最新科研成果的基础上，综合十余年来的授课资料和心得体会撰写而成。主要章节如下：第1章"绪论"阐述有限元法的发展简史以及有限元法求解工程问题的一般步骤；第2章"有限元理论基础"介绍有限元的基本概念、相关弹性力学的假定以及需要用到的力学方程；第3章"变形体力学原理"给出有限元刚度方程推导的理论基础，重点讲述虚位移原理和最小势能原理，在此基础上强调区分虚位移原理和虚功原理的异同，并对里兹法的解题思路进行阐述；第4章"杆系结构单元分析"结合变形体力学原理，讲述不同经典杆系单元刚度方程的建立过程；第5章"杆系结构整体分析"介绍了坐标变换和刚度矩阵的组装方法，在此基础上分析如何由杆单元的刚度方程，推导获得杆系结构的整体刚度方程；第6章"平面问题的有限元分析"在阐述面积坐标的基础上，针对常应变三角形单元、矩形双线性单元和平面等参数单元进行了分析讨论，研究如何求得相应的单元刚度方程；第7章"弹性板壳分析初步"介绍板、壳单元的几何特征和受力特点，并在此基础上讲述如何对其进行单元分析处理；第8章"地基土体对货车与波形梁护栏碰撞效应的影响"针对波形梁护栏与货车持续碰撞这一复杂的工程问题进行了分析研究。在研究梁板、防阻块和立柱借助变形来吸收汽车碰撞所产生的能量过程中，分别建立不考虑和考虑地基约束作用的碰撞计算模型，分析了地基土体对碰撞结果可能产生的影响；第9章"钢筋混凝土复合防护梁的抗撞性能研究"针对钢筋混凝土复合防护梁的抗撞性能进行了分析研究。在数值模拟的过程中，分别考虑了无防护、刚性防护、柔性防护和刚柔复合防护四种不同的措施以及两端固支、两端铰支和一端固支一端铰支三种不同的梁端约束形式。通过观测钢筋混凝土梁的应变、位移、加速度和冲击力等参数，就不同防护措施的抗撞效果进行了评估。

本书涉及的文献资料很多，包括公开发表的著作、论文和各种专业规范等。笔者尽可能地罗列于参考文献之中，但百密一疏，若有遗漏在此预先表示歉意。在全书撰写的过程中，葛楠给出了一些颇具建设性的修改意见，研究生刘美辰、孟初夏和李高行在定稿过程中参加了烦琐的文字修改和插图绘制等方面的工作。在此，作者一并表示衷心的感谢。

3

为方便读者阅读参考，作者结合多年的授课经验，文字撰写风格力求深入浅出，通俗易懂。本书若能对广大高校师生、科研机构的研究人员和企业的工程技术人员有所裨益，将甚感欣慰。限于水平和时间，书中纰漏在所难免，欢迎读者批评指正。

目　　录

主要符号表

坐标：直角坐标 x，y，z；自然坐标 ξ，η；面积坐标分量 L_i，L_j，L_m

位移：位移向量 d；位移分量 u，v，w

应力：正应力（法向应力）σ；剪应力或切应力 τ

应变：正应变（线应变或法向应变）ε；剪应变（角应变或切向应变）γ

模量：弹性模量 E；剪切模量 G

泊松比：μ

弹性矩阵：D

分布力：体积力分量 X，Y，Z；面力分量 $\overline{X}$，$\overline{Y}$，$\overline{Z}$

形函数与形函数矩阵：形函数 N_i、N_j、N_m；形函数矩阵 N

方向余弦：l，m，n

势能：应变能 U，外力势能 V，总势能 Π_p

功：外力功 W_e，内力功 W_i

单元节点位移向量：$\boldsymbol{\delta}^e = \begin{bmatrix} \boldsymbol{\delta}_i & \boldsymbol{\delta}_j & \boldsymbol{\delta}_m \end{bmatrix}^T$

单元位移向量：$d = N\boldsymbol{\delta}^e$（$N$ 为形函数矩阵）

单元应变向量：$\boldsymbol{\varepsilon} = B\boldsymbol{\delta}^e$（$B$ 为应变矩阵）

单元应力向量：$\boldsymbol{\sigma} = S\boldsymbol{\delta}^e$（$S$ 为应力矩阵）

单元节点荷载向量：$F^e = \begin{bmatrix} F_i & F_j & F_m \end{bmatrix}^T$

单元等效节点荷载向量：F_E^e

单元刚度矩阵：$k^e = \int B^T D B \, d\Omega$

单元刚度方程：$k^e \boldsymbol{\delta}^e = F^e + F_E^e$

整体刚度矩阵：K

整体节点位移向量：Δ

整体节点荷载向量：P

整体刚度方程：$K\Delta = P$

基与基变换：空间基 $e = \begin{bmatrix} e_1 & e_2 & e_3 \end{bmatrix}^T$；基变换矩阵 λ

薄板弯曲弹性矩阵：D_f

第 1 章 绪 论

1.1 什么是有限元法

在引入这个概念之前，先观察图 1-1 所示的钢筋混凝土简支梁。在横向荷载的作用下，该梁会在跨中底部和支座附近逐渐形成受拉垂直裂缝和受剪斜裂缝。如果要研究裂缝产生过程中的发展规律，包括应变和应力的分布，应该如何进行处理？

这一问题如果采用力学中的解析法去进行处理，难度极大，甚至根本不现实。先不妨转换思路，将其简化为图 1-2 中所示的二维平面问题。在处理过程中，对于该梁可先划分一系列三角形单元，三角形单元顶点称之为节点，由单元组合而成的离散结构近似代替原连续结构。在假定单元内位移分布后，作为近似解，可以先求出图中各三角形顶点的位移，然后利用几何方程和物理方程分别求出单元内的应变和应力。通过求得的应变和应力分布，就可以描述裂缝的发展规律。

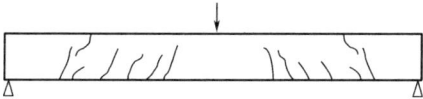

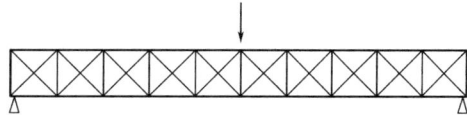

图 1-1 梁裂缝图   图 1-2 梁有限元分析图

1.1.1 有限元的概念的引入

有限元分析（Finite Element Analysis，FEA）就是利用数学近似的方法对真实的物理系统去进行模拟求解。尽管真实系统的自由度可能庞大甚至是无限自由度，而且几何形状和荷载工况可能特别复杂，但一般总可利用简单而又数量有限的元素（即单元），用有限数量的未知量去逼近求解无限未知量的问题。

有限元分析是用较简单的离散单元集合体去代替复杂连续的几何体，然后再进行求解。它将求解域剖分成许多称之为有限单元的互连子域。只要子域足够小，就可对每一单元假定一个简单的近似解，然后由此推导求解域总的满足条件（譬如结构的平衡条件，就是结构的整体或总体刚度方程），从而得到整个问题的解。这种方法就是有限（单）元分析法，简称有限（单）元法（Finite Element Method，FEM）。

1.1.2 有限元的研究内容

有限元是那些集合在一起能够表示实际连续域的离散单元。在一定条件下，由离散单元集合而成的组合结构能近似于真实结构，在此条件下，按分区域（位移）插值求解得到的结果，就能趋近于真实解。这种求解方法及其所满足条件，就是有限元法所要研究的内容。

1.1.3 不同角度理解有限元

下面分别从物理学和数学的角度对有限元法进行诠释，以便于更好地理解它的求解思路。

从数学角度解释：可在研究物体对应的求解域内，剖分许多三角形子域；任一子域内的位移可用相应各节点的待定位移插值进行表示；然后，利用几何方程和物理方程进一步求出子域内任一点的应变和应力。在此基础上，可以确定每一个子域的结果，继而推广到整个求解域内。

从物理学角度解释：可把一个连续的物体划分为若干离散的单元，单元之间在节点处以铰链相连接；在保证精度的前提下，采用单元组合而成的结构近似代替原连续结构；在满足一定的约束条件下，根据给定的载荷作用就可以求出各节点的位移，进而按照几何方程和物理方程求出应变和应力。

上述求解过程中提到求解节点的位移，这种位移实际上相当于求解过程中的一种未知量。在土木工程领域，节点未知量通常是位移，求解域内关注的物理量也包括位移，对应的单元可称之为位移元。但是，如果推广到其他专业领域，节点未知量就不一定仅限于位移了，也可以是温度、压力和速度等物理量。相应地，也就可能出现温度元这类说法，需根据实际问题进行变通。

1.1.4　有限元法的优越性

有限元法可适应于任何复杂形状和内部参数变异的物体，这一点远比常用的解析法、差分法和其他近似处理方法更为优越。

由于实际问题比较复杂，大多数实际问题很难对其进行简化，难以按照传统数学或物理方法进行求解，而有限元不仅可以保证计算精度，也能适应各种复杂形状，因而已成为一种有效的工程分析手段。

1.2　有限元法的发展

1.2.1　有限元法的发展历程

有限元的概念早在几个世纪前就已提出，并在一定程度上得到了应用，例如用多边形（有限个直线单元）逼近圆来求得圆的周长。然而，作为一种新的方法系统被提出，则是20世纪中叶的事。有限元法最初被称为矩阵近似方法，应用于航空器的结构强度计算。由于其方便性、实用性和有效性，很快引起了从事力学研究的专家学者高度重视。此后，经过短短数十年的努力，随着计算机技术的快速发展和普及，有限元方法迅速从结构工程强度分析计算扩展到几乎所有的科学技术领域，成为一种应用广泛并且实用高效的数值分析方法。

很显然，对于大型工程结构的有限元求解，工作量往往是极其庞大的，非人工可以胜任。对于这样的海量计算，必须依靠电子计算机。从有限元发展的历程来看，也的确如此。有限元法是随着电子计算机的应用而发展起来的一种离散化数值解法。20世纪40年代初，欧拉等提出有限（单）元法的基本思想，但受制于当时计算机的硬件水平，并没有引起足够重视。此后在20世纪50年代中期，开始有研究者利用这种方法对航空工程中的飞机结构进行矩阵分析，在这分析过程中采取了如下思路：将整个飞机结构看作是由有限个力学小单元相互连接而形成的集合体，每个单元的力学特性组合在一起便可提供整体结构的力学特性。这种处理问题的思路在20世纪60年代被广泛用于求解弹性力学的平面应力问题，并开始使用"有限（单）元法"这一专业术语。此后，随着电子计算机的飞速发展，有限元法经过几十年的发展，目前国内外已有许多大型通用的有限元分析程序可供研究人员选择使用。

不同于研究人员，工程技术人员进行结构分析时的主要任务就是设法将复杂的工程实际问题尽量加以简化，然后建立合理的计算力学模型，随后再按所选用程序的要求，准备好全部所需的数据和信息，最后运用计算机进行求解，必要时还需检查计算结果的合理性。目前，许多大型有限元分析软件都已配备了功能强大的前后置处理程序，并已出现了将人工智能技术引入有限元分析的这一趋势，形成了比较完善的专家系统，逐步实现了有限元分析的智能化。

1.2.2　不同领域的拓展应用

随着有限元法的快速发展，有力推动了不同学科、专业领域的深入研究。譬如，最初按照结构力学中的位移法，仅可以对刚架进行受力和变形的求解。随着有限元的出现，则可以进一步研究弹性力学中更为复杂的平面问题，包括平面应力问题和平面应变问题。类似地，也可以从弹性问题发展到研究弹塑性问题，这在土力学领域是十分重要的。其他推动的研究领域不再赘述，可参见表 1-1。

有限元推动的研究领域

表 1-1

初始阶段	高级阶段
刚架位移法	弹性力学平面问题
静力平衡问题	稳定问题与动力学问题
弹性问题	弹塑性问题（岩石力学与土力学）
结构计算	结构优化设计问题
工程力学	热力学问题、磁场及声学问题
固体力学	流体力学、渗流与固结理论

1.2.3　有限元研究的新方向

1. 新型单元的研究

不同单元之间时而分离，时而接触，面对这样复杂的问题，必须提出新型单元的研究，以便于更好地模拟，相关有限元的研究有待进一步深入。

2. 有限元法数学基础的奠定

对于有限元法来说，涉及一些数学领域的基础研究，在此基础上才能形成新的理论或求解方法。譬如有些方法尽管在实际过程中可行，但尚缺乏理论证明。

3. 在新领域进行拓展与应用

随着科学技术的进步，出现了许多新的技术领域，需要应用有限元法进行深入研究。譬如在纳米材料出现的情况下，相关材料的微观研究是否可以和有限元契合，这是一个需要进一步深入探讨的问题。

4. 通用程序编制和设计

在目前研究过程中，有限元涉及的对象越来越复杂，很难仅依靠个人智慧加以解决，必须依赖许多学术研究成果。鉴于此，开发承载前人群体智慧和研究成果的研究平台就十分必要。大型通用分析程序就担当着扮演这类平台的重要角色。它反映着学术界的集体智慧和当前研究所达到的最大高度，利用专业分析工具可以极大地提高工作效率。

1.3 有限元法的用途

1.3.1 常见的有限元软件

随着有限元法的不断应用和计算机的高速发展，很多工程软件已成为有效的科学计算手段并大量用于实际工程中。譬如 Ansys、Abaqus、Adina、Flac、Sap 和 Midas 等，种类齐全，不胜枚举。

这些软件各有偏重的专业领域，在实际应用中可以分为偏设计和偏研究两类研究软件。一般偏设计类软件不仅可以进行有限元计算，而且往往内嵌各种专业规范，可以对结果进行稳定性、安全性和有效性的校核；偏研究类软件一般重在进行计算结果分析，无法对结果进行相应的校核，但优点在于有限元计算结果相对偏设计类软件要精确一些。下面就一些常用的有限元软件功能介绍如下：

1. Ansys 简介

Ansys 软件是融结构、热、流体、电场、磁场、声学于一体的大型通用有限元分析软件，可广泛应用于土木工程、机械工程、生物工程、道路、车辆、石油化工、航空航天、能源、核工业、电力、电子、船舶、医学、地矿、水利和日用家电等一般工业及科学研究。该软件具备多物理场耦合分析的功能，允许在统一模型上进行各式各样的耦合计算分析，如流—固耦合、热—流体耦合和磁—电耦合等。

1）Ansys 结构分析类型

（1）结构静力分析

主要用来求解外载荷引起的结构内力和变形。Ansys 程序中的静力分析不仅可以进行线性分析，而且也可以进行非线性分析，如塑性、蠕变、膨胀、大变形、大应变及接触分析。像塑性、蠕变和膨胀分析这些功能，对土力学领域的研究就必不可少。

（2）结构动力学分析

结构动力学分析用来求解随时间变化的载荷对结构或部件的影响。与静力分析不同，动力分析要考虑随时间变化的作用对结构的影响，这种作用可以是直接作用譬如各种荷载，也可以是间接作用譬如温度或支座激励。Ansys 可进行的结构动力学分析类型主要包括瞬态动力学分析、模态分析、谐波响应分析以及随机振动响应分析。

Ansys 程序可以分析大型三维结构运动。当运动的积累影响起主要作用时，可使用这一功能分析复杂结构在空间中的运动特性，并确定结构中由此产生的应力、应变和变形。

（3）结构非线性分析

结构非线性导致结构或部件的响应随外载荷不成比例变化。Ansys 程序可求解静态和瞬态非线性问题，包括材料非线性、几何非线性和单元非线性三种，可以计算由大的位移、应变及有限转动引起的结构几何非线性问题、与时间有关的材料非线性问题以及接触引起的状态非线性问题。

（4）热分析

程序可处理热传递的三种基本类型：传导、对流和辐射。热传递的三种类型均可进行稳态和瞬态、线性和非线性分析。热分析还具有可以模拟材料固化和熔解过程的相变分析能力以及模拟热与结构应力之间的热—结构耦合分析能力。

Ansys 热分析基于能量守恒原理的热平衡方程，用有限元法计算各节点的温度，并导出其他热物理参数。热分析用于计算一个热力系统或者部件的热力学特征，如温度分布、热量获取或损失、热梯度、热流密度等。

（5）电磁场分析

主要用于电磁场问题的分析，如电感、电容、涡流、电场分布、磁场分布、力、运动效应、电路和能量损失等。对于各种电器和电子设备的设计和分析，具有重要作用。

（6）流体动力学分析

Ansys 中的流体单元能进行流体动力学分析，分析类型包括瞬态分析和稳态分析两种。分析结果可以是每个节点的压力和通过每个单元的流率，并且可以利用后处理功能产生压力、流率和温度分布的图形显示。另外，还可以使用三维表面效应单元和热—流管单元模拟结构的流体绕流并包括对流换热效应。

（7）声场分析

程序的声学功能用来研究在含有流体的介质中声波的传播，或分析固体结构浸在流体中的动态特性。这些功能可用来确定音响话筒的频率响应，研究音乐大厅的声场强度分布，或预测水对振动船体的阻尼效应。

（8）压电分析

用于分析二维或三维压电结构对交流、直流或任意随时间变化的电流以及机械载荷的响应。这种分析类型可用于换热器、振荡器、谐振器、麦克风以及其他电子设备的结构动态性能分析。

（9）设计优化

Ansys 提供了两种优化方法，它们可以处理大多数的优化问题。零阶方法是一个很完美的处理方法，可以很有效地处理大多数的工程问题。一阶方法基于目标函数对设计变量的敏感程度，因此更加适合于精确的优化分析。优化中 Ansys 采用一系列的分析—评估—修正的循环过程，这个过程重复进行直到所有设计满足要求为止。土木工程中的优化问题包括构件数量、参数和约束条件等多种优化问题。

2）Ansys 软件模块

软件模块主要包括三个部分：前处理模块、核心计算模块和后处理模块。利用这些模块 Ansys 软件可以进行结构高度非线性仿真、热分析、电磁分析、设计优化、计算流体动力学分析。

此外，利用 Ansys 提供的参数设计语言（APDL）的扩展宏命令功能，用户可以自行进行源代码编程，开发各种应用程序，更具灵活性。

2. Abaqus 简介

Abaqus 是一套功能强大的工程结构有限元模拟分析软件，不仅可以解决相对简单的线性分析问题，也可以处理复杂的非线性问题。Abaqus 包括一个丰富的、可模拟任意几何形状的单元库，并拥有各种类型的材料模型库，可以模拟各种常用工程材料的本构关系，包括金属、橡胶、钢筋混凝土、岩土以及复合材料等。

作为通用的模拟工具，Abaqus 除能模拟结构中的应力和变形问题以外，还可以模拟其他工程领域的许多问题，例如热传导、流体扩散、热电耦合、声学、岩土力学以及压电介质分析等。

静态应力/位移分析包括线性问题、材料或几何非线性问题，以及结构断裂分析等。动态分析可以对黏弹性/黏塑性结构进行动力响应分析。热传导分析可以针对传导、辐射和对流三种热传递方式进行瞬态或稳态分析。流体扩散分析可以处理水压力造成的渗流问题。非线性动态应力/位移分析可以模拟各种结构随时间变化的大位移、接触分析等。在海洋工程结构分析方面，可对流体载荷、特殊结构（如锚链、管道和电缆等）、特殊连接方式（如土壤/管柱连接、锚链/海床摩擦、管道/管道相对滑动等）进行模拟。结构疲劳分析可根据结构和材料的受载情况统计进行疲劳寿命预估。结构设计优化可根据参数调整进行灵敏度分析，并据此进行结构的优化设计。

同样地，Abaqus 也可进行多维度耦合分析，譬如热/力耦合、热/电耦合、压/电耦合、流/固耦合。

3. Sap 简介

Sap 是线性静力和动力响应结构分析程序，1979 年传到国内。它是美国加利福尼亚大学伯克利分校的 K. J. Bathe、E. L. Wilson、F. E. Peterson 等教授共同研制成功的，具有操作简单、使用方便和前后处理功能齐全等优点。Sap 程序具有模块化的特点，功能强，计算可靠，是目前国内外通用的优秀结构分析程序之一。

1）Sap 分析功能

静力分析功能：程序可根据输入信息自动生成单元和节点信息，并配有节点和单元优化功能，能够自动形成单元刚度矩阵和结构整体刚阵，在此基础上输出节点和单元信息。

求解特征值方程：程序可求解自由振动的固有频率和振型，解特征方程分别采用行列式搜索法和子空间迭代法。这一功能在求解结构模态参数时，非常有用。

时程响应分析：当结构的基础发生移动或结构上某些部位受有随时间变化的任意强迫荷载时，程序提供了计算结构时程响应的功能，即求解结构随时间变化的瞬时内力值和变形值。外荷载可以是任意形式的，如冲击或脉冲类函数，可用于地震波作用下的结构动力响应分析。

响应谱分析：当支座、基础的运动不规则或激励的时程不可预知，而仅能估计其可能发生的最大值时（如汽车在地面上行驶、建筑基础遭受地震激励等），在结构计算模型中输入相应的谱曲线（如地震谱、路面谱等），再通过谱分析得到结构前 N 个频率所对应的最大响应，最后按一定方式进行叠加。

频率响应分析：频率响应分析是求当基础作谐运动时结构的稳态响应。由于基础激励为谐振动形式，因此可按结构动力学中的方法求得响应的振幅与相位，得出结构的幅频特性和相频特性。

2）Sap 程序使用功能

节点与单元信息的自动生成：可简化大量的数据准备工作，程序中各单元的节点与约束信息可以按插值方式自动生成，编号按等差数列递增。

载荷组合：Sap 程序可以单独输入不同荷载工况，然后分别乘以荷载调整因子组合形成新的单元载荷工况，作为新的原始数据自动进行输入。

输出参数的选择功能：Sap 程序对于不同的单元类型，具有选择输出不同响应参数的功能，如柱构件的轴力、位移等。

动力分析的再启动功能：对于大中型的结构，计算结果其至中间过程可以保存，后续启动程序时无须从头开始运行，可以按照前次的进程继续执行后续操作。

绘图功能：Sap 程序具有强大的绘图功能，可在计算机显示器或绘图仪上绘制图形，可绘出变形前后的各种参数图形。

4. Midas 简介

Midas 是源自韩国的一种有限元分析软件，分为建筑领域、桥梁领域、岩土领域和仿真领域四个大类，是"目前唯一全部中文化的土木专用非线性及细部分析软件"。它的几何建模和网格划分技术采用前后处理软件 Midasfx＋进行，同时融入了线性、非线性分析内核程序，是一款专门适用于土木领域的有限元分析软件。

5. Flac 简介

Flac 3d 是二维的有限差分程序 Flac 2d 的拓展，能够进行土质、岩石和其他材料的三维结构受力特性模拟和塑性流动分析。通过调整三维网格中的多面体单元来拟合实际的结构。单元材料可采用线性或非线性本构模型，在外力作用下，当材料发生屈服流动后，网格能够相应发生变形和移动。Flac 3d 采用了显式拉格朗日算法和混合—离散分区技术，能够非常准确地模拟材料的塑性破坏和流动。

1.3.2　有限元法应用场景举例

1. 钢结构的共振问题

图 1-3 是某一四层井塔简化几何模型。该井塔为钢结构，井塔在顶部安装有固定交流电动机。由于电动机偏心旋转，可能会引起井塔结构的振动问题。如果在电动机作用下，井塔振动比较明显，说明可能出现共振，轻则导致结构不能正常服役，重则导致结构发生损坏。对于这一问题，可以通过有限元方法进行分析。就井塔共振问题而言，看似简单，但实际上很容易出现纰漏。

井塔结构振动可以分为三个层次。第一个层次：如果井架结构（除横梁）刚度比较大，仅安装电动机的横梁刚度比较小，这种情况下主要分析横梁和电动机之间是否发生共振。第二个层次：如果安置电动机的横梁刚

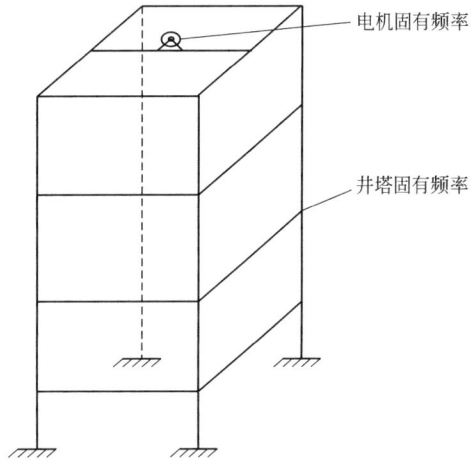

图 1-3　四层井塔模型简图

度比较大，而井塔结构（除横梁）刚度较小，这时主要考虑井塔结构（除横梁）是否与电动机（含横梁）之间发生共振。第三个层次：如果井塔结构和安装电动机的横梁之间刚度无明显差别或整体性较好，这种情况下需要考虑电动机与整个井塔结构之间是否发生了共振。

该结构看似简单，但手算难度很大。可采用 Sap 软件建立钢架的杆系计算模型，电动机简化为一个谐波激励作用在安装部位，然后进行动力特性分析即模态分析，通过观察振型可以进行判定。此外，也可以通过求解动力响应分析进行评估。

2. 钢筋混凝土框架结构抗震性能问题

现有某五层内廊式钢筋混凝土框架结构，平面形式为一字形，基础为柱下独立基础。

底层层高为 4.2m，二至五层层高为 3.6m。建筑总长 46.8m，总宽 16.0m，房间进深为 6.3m，开间为 7.8m，框架的内走廊宽度为 3.3m。框架柱尺寸 500mm×500mm，框架梁尺寸为 300mm×650mm 和 250mm×700mm。抗震设防烈度为 7 度（0.15g），地震分组为第一组，抗震设防类别为乙类，场地类别为Ⅰ类。

地基基础和上部承重结构的混凝土强度等级设计为 C30，钢筋的强度等级采用 HPB300 和 HRB400，箍筋采用 HPB300。采用钢筋混凝土现浇板作为楼面板和屋面板。采用 Sap 软件建立的有限元模型如图 1-4 所示。

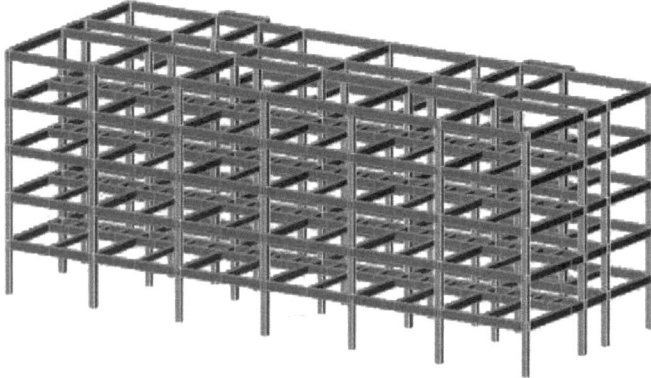

图 1-4　钢筋混凝土框架结构有限元模型

在地震作用下，根据复核验算结果，该结构仅一层五根中柱和三根框架梁配筋偏少，其余构件均满足承载力要求。

1.4　有限元法的一般步骤

有限元法实质是对力学模型进行近似数值计算的方法，将无限自由度问题变成有限自由度问题。有限元法分析过程的一般步骤包括建立力学模型、结构离散化、确定单元位移模式、单元特性分析、整体分析、解方程和输出计算结果等。下面就主要步骤进行阐述。

1.4.1　建立力学模型

结合物体的外形、尺寸和约束条件，在考虑几何形状和荷载对称性的基础上，建立相应的有限元计算模型。一般计算模型的尺寸均小于物体的原形尺寸。

以图 1-5 为例，某金属输气管道承受沿径向均匀分布的内压，需要对其的变形和内力进行分析。由于结构和荷载的对称性，可取结构的 1/4 进行分析。由于整个模型中荷载的对称性，可知在 1/4 模型中剖开的管道侧面上需要施加链杆位移约束，左侧截面没有水平位移，底部截面没有竖向位移。

1.4.2　结构离散化

结构离散化就是对模型结构选取单元进行划分的过程。在结构离散化的过程中，可以视研究对象的不同，分别采取杆单元、三角形常应变单元、矩形双线性单元、等参数单元或板壳单元等各种不同单元对结构进行离散化处理。

1.4.3　确定单元位移模式

结构离散化后，需要利用单元内节点的位移通过插值方法来获得单元内各点的位移。

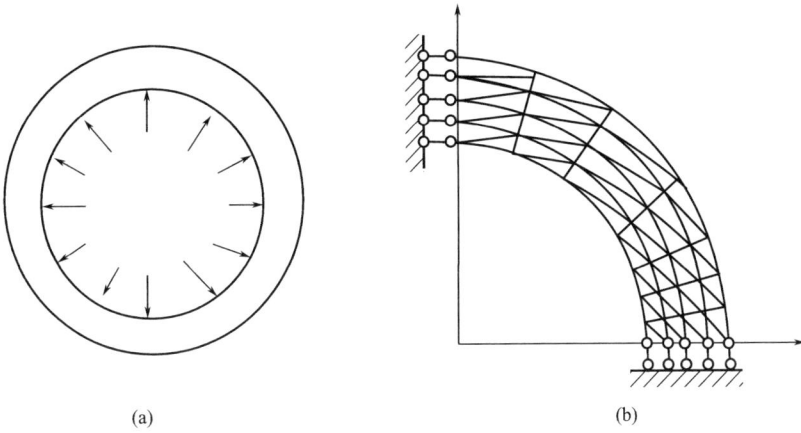

(a)　　　　　　　　　　　　(b)

图 1-5　承受内压的管道

一般来说，单元位移多项式的项数应与单元的自由度数相等，而且它的项数应包含常数项和一次项。单元位移模式描述如下：

$$d = N\delta^e \tag{1-1}$$

式中　d——任意一点的位移向量；

　　　N——形函数矩阵，该矩阵中的元素一般表示为坐标的函数；

　　　δ^e——单元节点位移向量。

1.4.4　单元特性分析

将式（1-1）代入几何方程，可推导出用单元节点位移表示的单元应变表达式：

$$\varepsilon = B\delta^e \tag{1-2}$$

式中　ε——对应点的应变向量；

　　　B——变形（应变）矩阵；

　　　δ^e——单元节点位移向量。

应力通过物理方程求出，可表示为

$$\sigma = D\varepsilon = DB\delta^e = S\delta^e \tag{1-3}$$

式中　σ——对应点的应力向量；

　　　D——弹性矩阵；

　　　S——应力矩阵。

任意单元的刚度方程可表示为

$$k^e\delta^e = F^e \tag{1-4}$$

式中　k^e——单元刚度矩阵；

　　　F^e——单元节点荷载向量。

单元刚度矩阵一般满足下式要求：

$$k^e = \int_{\Omega^e} B^\top DB \, \mathrm{d}\Omega \tag{1-5}$$

1.4.5　建立整个结构的整体刚度方程

通过单元刚度矩阵 k^e 可集成整体刚度矩阵 K，通过单元节点荷载 $\{R\}^e$ 可集成整体

节点荷载 $\{R\}$，最后形成如下形式的整体结构刚度方程：

$$K\Delta = P_d + P_E = P \qquad (1\text{-}6)$$

式中　K——整体刚度矩阵；

　　　Δ——整体节点位移向量；

　　　P——整体节点荷载向量。

1.4.6　解方程

这一步就是求解以节点位移为未知量的代数方程组。一旦获得节点位移，就可根据位移模式、几何方程和物理方程，回溯反推结构内任意一点的位移、应变和应力。

习　题

1. 有限元法是一种近似解法还是一种精确解法？为什么？

2. 建立有限元模型之后，模型对应的结构是离散体还是连续体？

3. 从物理角度解释有限元法不同单元在节点处采用的是何种约束？

4. 在不同工程领域，求解的节点未知物理量可以是不同的，请给出节点未知物理量是非位移的实例。

5. 有限元分析软件通常包括哪几大模块？

6. 非线性问题通常包括哪几种？

7. 工程结构会发生结构共振，局部共振和整体共振的区别是什么？

8. 结构动力特性分析和结构动力响应分析在分析思路上有何不同？

9. 工程结构进行有限元分析的步骤有哪些？

10. 对于工程结构中某一单元，知道其中某一点的位移，如何求该点的应力和应变？

第 2 章　有限元理论基础

大量采取有限元方法分析处理的工程问题都涉及弹性应力、应变及位移的分析计算，这些内容一般归属于弹性力学的范畴。弹性力学是研究物体在外部因素（可以是外力、温度等）的作用下产生的应力、应变及其位移规律的一门科学，属于固体力学的一个分支。

在弹性力学中，为了由已知量求出未知量，通常在弹性体对应求解区域内部，考虑平衡、变形连续性和本构关系三方面条件，分别建立三套方程。根据微分体的平衡条件建立平衡微分方程；根据微分线段上形变与位移之间的几何关系建立几何方程；根据应力与形变之间的物理关系建立物理方程。此外，在弹性体的边界上还要建立相应的边界条件：在给定面力的边界上，根据边界上微分体的平衡条件建立应力边界条件；在给定约束的边界上，根据边界上的约束与位移的关系建立位移边界条件。求解弹性力学问题，本质上就是在满足边界条件的前提下，通过平衡微分方程、几何方程和物理方程的联合，求解物体内任一点的位移向量、应变向量和应力向量。

2.1　弹性力学的几个基本假定

弹性力学的基本任务就是针对各种具体情况，确定弹性体内应力与应变的分布规律。也就是说，当已知弹性体的形状、物理性质、受力情况和边界条件时，确定其中任一点的应力/应变状态和位移。

为简便起见，弹性力学所研究的对象一般均是理想弹性体，要求体内各点的应力与应变之间均满足线性关系，即要求符合胡克定律。

2.1.1　连续性假定

假定物体整个体积都被组成该物体的介质所填满，不存在任何空隙。实际上物体都是由微小粒子组成的，粒子之间总是存在间隙，并不符合这一假定，但只要粒子的尺寸以及相邻粒子之间的距离都比物体的宏观尺寸小很多，则认为符合连续性假定就不会引起显著的误差。

只有满足这一假定，物体内的一些物理量（如应力、应变等）才能保持数学上的连续性，才能用坐标的连续函数表示它们的变化规律。

2.1.2　完全弹性假定

假定物体满足胡克定律，应力与应变间的比例常数称为弹性常数。弹性常数一般不随应力或应变的大小和符号而改变。由材料力学已知，脆性材料在应力超过比例极限以前，可以认为是近似的完全弹性体；而韧性材料在应力达到屈服极限以前，也可以认为是近似的完全弹性体。

这个假定使得物体在任意瞬时的应变将完全取决于该瞬时物体所受到的外力或温度变

化等因素，而与加载的历史和加载顺序无关。这一点在实际分析过程中非常重要，可以极大地简化相关计算。

2.1.3 均匀性假定

假定整个物体都是由同一种材料组成的。这样整个物体内各部分都具有相同的弹性常数，才不会随位置坐标而改变。这样可以取出该物体内任意一小部分来加以分析，然后把分析所得的结果推广到整个物体对应空间域内。

如果物体是由多种材料组成的，但是只要每一种材料的颗粒尺寸远远小于物体宏观尺寸而且在物体内每一种材料的颗粒是均匀分布的，那么整个物体也就可以认为符合均匀性假定。

2.1.4 各向同性假定

各向同性假定是假定物体的弹性在各方向都是相同的，即物体的弹性常数不随方向而变化。

对于非晶体材料，一般是完全符合这一假定的。至于钢材等金属构件，虽然其内部含有各向异性的晶体，但由于晶体非常微小，并且是随机排列的，所以从统计平均意义上讲，钢材构件的弹性基本上是各向同性的。

常用建筑材料中，由木材或竹材等做成的构件不能当作各向同性体来研究。

2.1.5 小位移小变形假定

在弹性力学中，所研究的问题主要是理想弹性体的线性问题。为了保证研究的问题限定在线性范围内，还需要作出小位移和小变形的假定。即假定物体受力以后，物体所有各点的位移都远远小于物体原来的尺寸，并且其应变和转角都远小于1。所以，在建立变形体的平衡方程时，可以用物体变形以前的尺寸来代替变形后的尺寸，而不致引起显著的误差；并且在考察物体的变形及位移时，对于转角和应变的多次幂或其乘积都可以略去不计。

对于工程实际中的问题，如果不能满足这一假定，一般需要采用其他理论进行分析求解，如大变形理论等。

上述假定都是为了研究问题的方便，根据研究对象的性质，结合求解问题的范围，而作出的基本假定。这样便可以略去一些次要因素，使得问题的求解成为可能。

2.2 应力和应变的概念

2.2.1 外力与内力

弹性体在荷载（包括广义上的荷载，譬如温度和支座运动）作用下，其上各点发生相对运动在内部引起变形，从而诱发相互作用的附加内力。对于杆状或圆柱状构件，利用横截面可以方便地阐述这种附加内力，比较直观。若用一假想平面将杆件沿某一横截面切为两部分，根据弹性体的均匀连续性假定，在暴露的该横截面上将存在连续分布内力。一般情形下，各点的相对运动不会完全相同，因而横截面上各点的分布内力集度不一定是常量。根据力系简化和平衡理论，可以确定杆件横截面上的内力主矢与主矩，并且结合隔离体可以建立横截面内力与外部荷载之间的平衡方程。求得横截面内力之后，根据相应的假定，可由荷载的变化状况推知分布内力集度沿横截面的变化规律。内力就是在外力作用下构件各点间相互作用力的改变量，即"附加内力"，简称内力，其作用是使各点恢复其原来位置。

工程计算中有意义的是主矢和主矩在确定的坐标方向上的分量，称为内力分量（components of internal forces）。

图 2-1 中所示的 F_{Nx}、F_{Qy}、F_{Qz} 和 M_x、M_y、M_z 分别为主矢和主矩在 x、y、z 轴三个方向上的分量，其中

F_{Nx} 称为轴力（normal force），它将使杆件产生轴向变形（伸长或缩短）；

F_{Qy}、F_{Qz} 称为剪力（shearing force），二者均将使杆件产生剪切变形；

M_x 称为扭矩（torsional moment，torque），它将使杆件产生绕杆轴转动的扭转变形；

M_y、M_z 称为弯矩（bending moment），二者均使杆件产生弯曲变形。

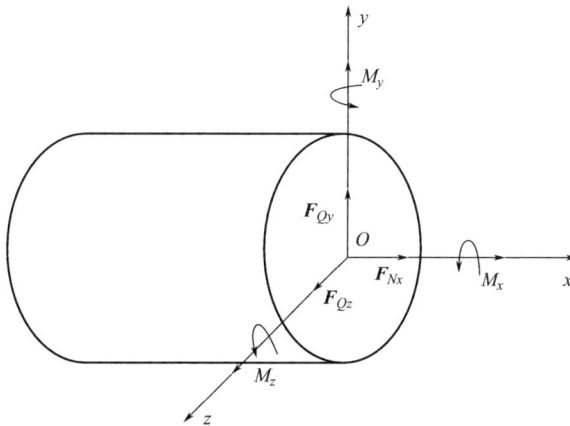

图 2-1 圆柱体截面

外力即作用于构件上的力，可以分为体积力（场力）和表面力（接触力）。体积力是连续分布在构件内部各点处的力，如重力和惯性力，体积力常用的单位为 N/mm³。表面力是直接作用于构件表面的力，又可分为分布力和集中力。连续作用于构件表面面积上的力为分布力，常用的单位为 N/mm²。若外力分布面积远小于物体的表面尺寸，或沿杆件轴线分布范围远小于轴线长度，就可看成集中力，集中力常用单位为 N（牛顿）或 kN（千牛顿）。

弹性杆件在外力作用下若保持平衡，则从其上截取的任意部分也必须保持平衡。前者称为整体平衡或总体平衡；后者称为局部平衡。所谓整体是指杆件所代表的某一构件；所谓局部会衍生出几种情况：①用一截面将杆截成的两部分中的任一部分；②两相距无穷小截面所截出的一微段；③围绕某一点截取的某种微元或微元的局部等。这种整体平衡与局部平衡的关系不仅适用于弹性杆件，而且适用于所有弹性体，因而称之为弹性体平衡原理。这与刚体系统的平衡问题非常相似，只不过刚体系统的内力是刚体系统中刚体与刚体之间的相互作用力。

假想地用截面把构件切开成两部分，这样内力就转化为外力而显示出来，并可用静力平衡条件将它求出；由平衡条件即可得到该截面上的内力分量。以平面荷载作用于杆件情形（参考图 2-1）为例，采用截面法对其进行局部受力分析，这时截面上只有 F_{Nx}、F_{Qy}、M_z

三个内力分量，通过平面力系的三个平衡方程 $\sum F_x = 0$、$\sum F_y = 0$ 和 $\sum M_o = 0$（O 为截面形心），即可求出全部内力分量。

2.2.2 应力和应变的概念

应用静力平衡原理可以确定静定问题中杆件横截面上的内力分量，但内力分量只是杆件横截面上连续分布内力的简化结果，仅确定了内力分量并不能确定横截面上各点内力的大小。这是因为在一般情形下分布内力在各点的数值是不相等的，所以只有当内力在横截面上的分布规律确定之后，才能由内力分量确定横截面上内力在各点的数值。

内力是不可见的，但变形却是可见的，而且二者之间通过材料的本构关系相联系。因此，为了确定内力的分布规律，必须研究构件的变形，以及材料受力与变形之间的关系，即必须涉及变形协调与本构关系两个重要方面。二者与平衡原理一起组成分析弹性体内力分布规律的基本方法。

在图 2-2 中杆件的横截面上任取一微小面积 ΔA。假设分布内力在这一面积上的合力为 ΔF_R，则称 $\Delta F_R / \Delta A$ 为这一微小面积上的平均应力（mean stress）。

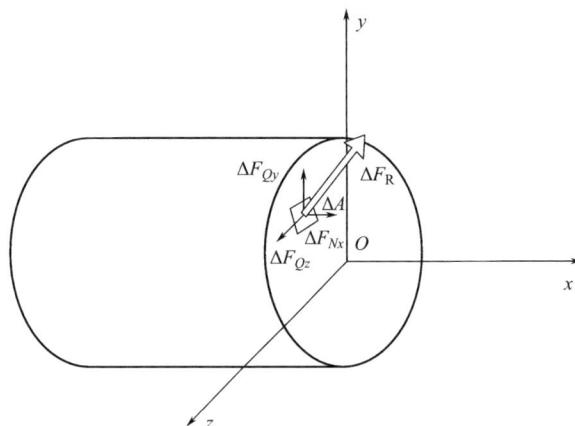

图 2-2　弹性体圆柱截面内力分布

当所取的面积趋于无穷小时，上述平均应力趋于一极限值。这一极限值称为横截面上一点处的应力。这表明：应力实际上是分布内力在截面上某一点处的强弱程度，简称集度（intensity）。

若围绕受力弹性体中的任意点截取一微元体（通常形状为正平行六面体，可以是长方体或正方体），一般情形下微元体的各个面上均有应力作用。不难发现，在正应力作用下，微元体沿着正应力方向和垂直于正应力方向分别产生伸长和缩短，这种变形称之为线变形。描写弹性体在各点处线变形程度的物理量，称为正应变或线应变。若假设线变形沿 x 方向发生，可用 ε_x 表示为

$$\varepsilon_x = \frac{\mathrm{d}u}{\mathrm{d}x} \tag{2-1}$$

式中　　u ——微元体受力后相距 $\mathrm{d}x$ 的两截面沿正应力方向的相对位移；

ε_x 的下标 x——应变方向（约定：拉应变为正；压应变为负）。

在剪应力作用下，微元体将发生剪切变形，剪切变形程度用微元直角的改变量度量。

微元直角改变量称为切应变（shearing strain），用 γ 表示。γ 的单位为弧度 rad。

2.2.3 应力与应变的基本规定

在应力和应变分析时，经常取微小的正平行六面体为例进行阐述分析。应该怎么选取微小的正平行六面体呢？它有什么实际意义吗？对于一个物体，欲分析某一点的应力，一般需要拿出一个带有一定体积的"小块"才能对其各个应力进行分析。因此，在实际过程中取出微小的正平行六面体，一定是欲分析应力某点附近的"小块"，而且这个小块必须围绕包含该点。当小块体积无限缩小时，这个正平行六面体会缩为一点，可认为就是欲分析的应力点。因此可以说，微小的正平行六面体是欲分析某点的应力和应变时，为方便说明而拿出来的，二者是有对应关系的。

以图 2-3 中平行六面体为例，正面外法线沿坐标轴正方向，负面外法线沿坐标轴负方向，正面应力方向以坐标轴正向为正，负面反之。应力下标规定如下：正应力 σ_x 在垂直于 x 轴的面上，且沿 x 轴方向作用；剪应力双下标，第一个下标表明作用面垂直于哪一轴，第二个下标表明作用方向沿哪一轴。分别以该六面体前后、左右和上下两面中心连线为轴列力矩平衡方程，可证明剪应力互等定理，从而剪应力记号下标两字母可以对调。这种情况下，一点六个应力分量即可完全确定该点应力状态，即

$$\boldsymbol{\sigma} = \begin{bmatrix} \sigma_x & \sigma_y & \sigma_z & \tau_{xy} & \tau_{yz} & \tau_{zx} \end{bmatrix}^{\mathrm{T}} \tag{2-2}$$

当物体存在旋转角加速度时，剪应力互等定理不成立。

应变正负号规定如下：正应变与正应力符号的规定一致，伸长为正，缩短为负；剪应变以度量的直角值变小为正，变大为负，与剪应力的正负号规定相一致。正应变和剪应变均无量纲（因次），例如：在图 2-3 中，分析点为 P，ε_x 表示 x 方向线段 PA 的正应变；γ_{yz}、γ_{zx} 分别表示沿 y 轴与 z 轴两个方向的线段（即 PB 与 PC）之间的直角的改变。

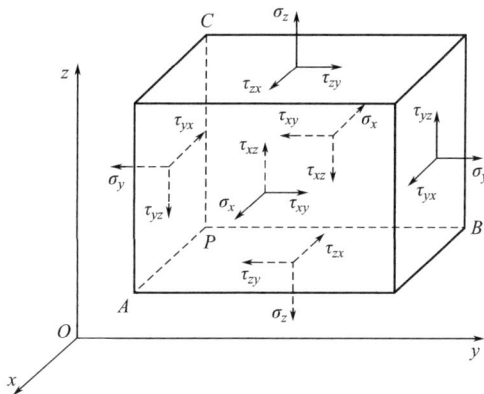

图 2-3 微小的平行六面体

物体形状可以用各部分的长度和角度表示。因此，形变（应变）可以归结为长度的改变和角度的改变。正应变描述各线段每单位长度的伸缩，即单位伸缩或相对伸缩。剪应变描述各线段之间直角的改变，一般用弧度表示。

按照应力与应变的对应关系，可知一点的应变也包括六个分量，即

$$\boldsymbol{\varepsilon} = \begin{bmatrix} \varepsilon_x & \varepsilon_y & \varepsilon_z & \gamma_{xy} & \gamma_{yz} & \gamma_{zx} \end{bmatrix}^{\mathrm{T}} \tag{2-3}$$

以上可证明，如果物体任意一点的六个应变分量已知，即可求得过该点任一线段的正

应变，也可求得过该点任意两线段之间角度的改变。根据该点的六个应变分量，就可以完全确定该点的形变状态。

2.3 主应力及应力方向

在求得一点的应力之后，往往需要通过换算求得该点的极值应力及其对应的方位，后者往往在材料或构件的安全性判定上更有价值。这种极值应力及其对应的方位就是物体在该点的主应力及应力方位。主应力及应力方位求解分为两种情况，包括平面主应力分析和空间主应力分析。

2.3.1 平面主应力分析

在图 2-4 所示的平面问题中，假设已知任意一点 P 的平面应力，欲求过该点且平行于 z 轴任意斜截面上的应力。

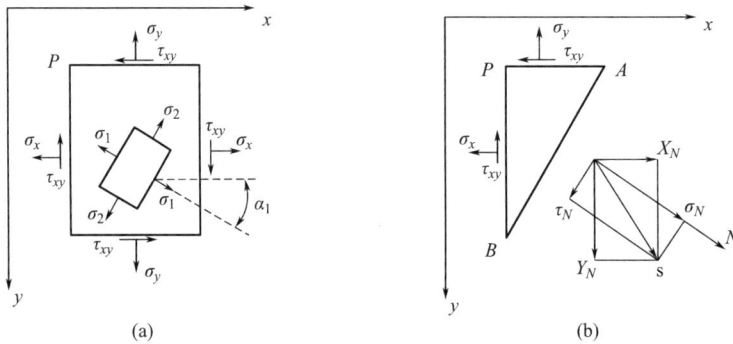

图 2-4 平面一点的应力状态分析图

作某一平面 AB 平行于欲求应力状态的斜截面，当平面 AB 无限趋近于 P 点时，平面 AB 上的应力就成为上述斜面上的应力。如经过 P 点某一斜面上剪应力为零，则该斜面上的正应力称为在 P 点的一个主应力，而该斜面称为在 P 点的一个应力主面，该斜面的法线方向（即主应力的方向）称为在 P 点的一个应力主向。两个主应力就是最大与最小的主应力。

2.3.2 空间主应力分析

空间主应力分析相对略复杂一些，可由平面向空间拓展的思路进行。假设已知物体内任一点 P 对应的 6 个应力分量，欲求过该点任一斜面上的应力。

为此，在图 2-5 中沿 P 点附近取一平面 ABC 平行于欲求应力状态的斜截面，与过 P 点且垂直于坐标轴的三个平面形成一个微小的正四面体 $PABC$，PA、PB 和 PC 三条棱分别与坐标系中三个坐标轴平行。当平面 ABC 无限趋近于 P 点时，平面 ABC 的应力就成为上述斜面上的应力。如经过 P 点某一斜面上剪应力为零，则该斜面上的正应力称为 P 点的一个主应力，而该斜面称为在 P 点的一个应力主面，该斜面的法线方向（即主应力的方向）称为在 P 点的一个应力主向。因此，关键在于求剪应力为零的斜面。

假设斜平面 ABC 的方向余弦 $\cos(N, x) = l$，$\cos(N, y) = m$，$\cos(N, z) = n$。三角形 ABC 的面积为 ΔA，则 PBC、PCA、PAB 的面积分别为 $l\Delta A$、$m\Delta A$、$n\Delta A$。设三

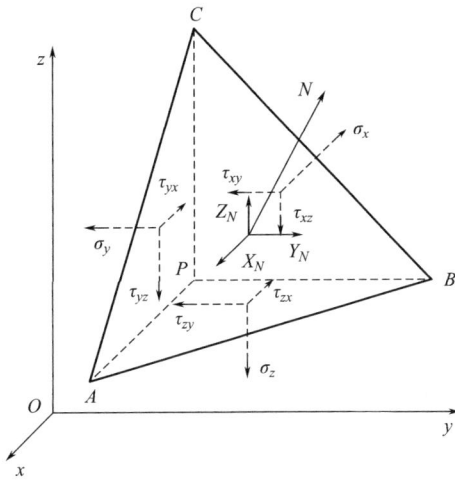

图 2-5 空间一点应力状态分析图

角形 ABC 的全应力在坐标轴上的投影为 X_N、Y_N 和 Z_N，沿三条坐标轴分别列力平衡方程。

由 $\sum F_x = 0$，有

$$X_N \Delta A - \sigma_x l \Delta A - \tau_{yx} m \Delta A - \tau_{zx} n \Delta A = 0 \qquad (2\text{-}4)$$

类似的，有 $\sum F_y = 0$ 及 $\sum F_z = 0$。

合并整理后，可得

$$\left. \begin{array}{l} X_N = l\sigma_x + m\tau_{yx} + n\tau_{zx} \\ Y_N = m\sigma_y + n\tau_{zy} + l\tau_{yx} \\ Z_N = n\sigma_z + l\tau_{zx} + m\tau_{zy} \end{array} \right\} \qquad (2\text{-}5)$$

令斜面 ABC 的正应力为 σ_N，投影可得

$$\sigma_N = lX_N + mY_N + nZ_N \qquad (2\text{-}6)$$

令斜面 ABC 的剪应力为 τ_N，可得

$$\tau_N^2 = X_N^2 + Y_N^2 + Z_N^2 - \sigma_N^2 \qquad (2\text{-}7)$$

在上式中令剪应力为零，逆向回推可求得主应力及其方位。

2.4 几何方程和刚体位移

根据弹性力学理论可知，物体的位移与应变之间是有关联的，几何方程用来描述二者之间的关系表达式。几何方程中涉及的物体位移一般为弹性位移。如果弹性体更进一步蜕变为刚体，则对应的弹性位移就属于刚性位移，这时几何方程仍然成立，因此可以把刚体归为特殊的弹性体。但是，如果物体发生弹塑性变形，则物体的位移与应变关系将变得更为复杂，就难以用简单的数学关系式进行表达了。

2.4.1 几何方程

在弹性力学中，除应力外，也要分析物体的应变与位移。现在来考虑平面问题的几何

学条件，下面我们讨论如何利用几何方程求出物体应变与位移之间的关系。

在图 2-6 中，假定欲求任意点 P 的应变与位移，可在该点处取两个互相垂直的微小长度线段 PA、PB，采用泰勒级数推导二者之间的关系。

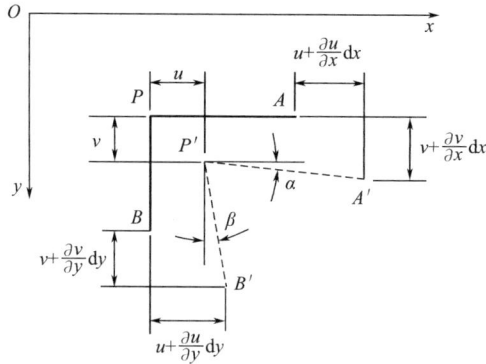

图 2-6　P 点的位移

对于弹性体内任一点位移可分别用三轴投影 u、v、w 来表示，沿坐标轴正方向为正，负方向为负。变形分为两类：一类是长度的变化量（线应变或正应变），另一类是角度的变化量（角应变或剪应变）。令线段 PA、PB 长度分别为 $\mathrm{d}x$、$\mathrm{d}y$，变形后如 $P'A'$、$P'B'$ 所示。与 P 点相邻 A 点 x 方向位移

$$u + \Delta u = u + \frac{\partial u}{\partial x}\mathrm{d}x \tag{2-8}$$

线段 PA 正应变

$$\varepsilon_x = \frac{u + \dfrac{\partial u}{\partial x}\mathrm{d}x - u}{\mathrm{d}x} = \frac{\partial u}{\partial x} \tag{2-9}$$

线段 PB 正应变

$$\varepsilon_y = \frac{v + \dfrac{\partial v}{\partial y}\mathrm{d}y - v}{\mathrm{d}y} = \frac{\partial v}{\partial y} \tag{2-10}$$

线段 PA 与 PB 之间直角的改变，即剪应变 γ_{xy} 分为两部分，一部分是线段 PA 沿 x 轴的转角 α，另一部分是 y 向线段 PB 的转角 β。

$$\alpha \approx \tan\alpha = \frac{\left(v + \dfrac{\partial v}{\partial x}\mathrm{d}x\right) - v}{\mathrm{d}x} = \frac{\partial v}{\partial x}\text{（小变形）} \tag{2-11}$$

同理可知 $\beta \approx \dfrac{\partial u}{\partial y}$

$$\gamma_{xy} = \alpha + \beta = \frac{\partial v}{\partial x} + \frac{\partial u}{\partial y} \tag{2-12}$$

类似地，可推导得出 γ_{yz}、γ_{zx}

$$\gamma_{yz} = \alpha + \beta = \frac{\partial w}{\partial y} + \frac{\partial v}{\partial z} \tag{2-13}$$

$$\gamma_{zx} = \alpha + \beta = \frac{\partial u}{\partial z} + \frac{\partial w}{\partial x} \tag{2-14}$$

将式（2-9）～式（2-14）联合，可得到几何方程如下：

$$\left.\begin{aligned}\varepsilon_x &= \frac{\partial u}{\partial x}, \quad \gamma_{xy} = \frac{\partial u}{\partial y} + \frac{\partial v}{\partial x}\\\varepsilon_y &= \frac{\partial v}{\partial y}, \quad \gamma_{yz} = \frac{\partial v}{\partial z} + \frac{\partial w}{\partial y}\\\varepsilon_z &= \frac{\partial w}{\partial z}, \quad \gamma_{zx} = \frac{\partial w}{\partial x} + \frac{\partial u}{\partial z}\end{aligned}\right\} \tag{2-15}$$

几何方程中正应变是容易记忆的，一般是某坐标轴方向的线应变对应该方向位移沿同一坐标轴的偏导数，但是几何方程后三式 γ_{xy}、γ_{yz}、γ_{zx} 的情况则有点特殊。为方便记忆，可以这样理解：以 γ_{xy} 为例，通常假设 x 方向的位移为 u，y 方向的位移为 v，在表示 γ_{xy} 过程中，u 不是对原来的 x 求偏导，而是对 y 求偏导，v 的情况与之类似，v 不是对 y 求偏导，而是对 x 求偏导，然后再将相应的偏导数进行相加。

按照数学中函数与导数的关系以及导数与积分的关系，可知：弹性体位移确定，则应变完全确定；反之，应变确定，位移却不一定完全确定。这是因为由应变求位移，进行的是不定积分运算，存在不同的积分常数，这些积分常数对应着不同数值的刚体位移。可进一步解释为，具有同样应变的物体，位移取值中可能包含不同的刚体位移，需要补充条件才能进一步确定。

2.4.2　刚体位移

在刚体中无论受力与否，物体内部都不发生变形，也就是不产生应变。但是，该物体却存在宏观的刚体位移，如图 2-7 所示。在前述几何方程中令应变均为零，下面尝试推导对应的物体位移，过程如下：

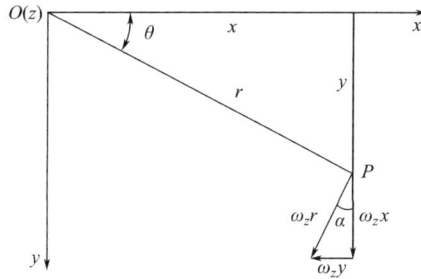

图 2-7　刚体位移单元示意图

$$\varepsilon_x = \frac{\partial u}{\partial x} = 0; \ \varepsilon_y = \frac{\partial v}{\partial y} = 0; \ r_{xy} = \frac{\partial v}{\partial x} + \frac{\partial u}{\partial y} = 0 \tag{2-16}$$

$$r_{yz} = \frac{\partial w}{\partial y} + \frac{\partial v}{\partial z} = 0; \ \varepsilon_z = \frac{\partial w}{\partial z} = 0; \ r_{zx} = \frac{\partial w}{\partial x} + \frac{\partial u}{\partial z} = 0 \tag{2-17}$$

积分后，可得

$$\left.\begin{aligned}u &= u_0 + \omega_y z - \omega_z y\\v &= v_0 + \omega_z x - \omega_x z\\w &= w_0 + \omega_x y - \omega_y x\end{aligned}\right\} \tag{2-18}$$

通过积分后所求解观察物体的运动，可以发现：尽管物体没有形变，但是仍存在平动位移和绕固定轴转动。假设所求解中 6 个常数仅 u_0 不为零，则弹性体沿 x 向进行刚体运动，物体内各点沿 x 方向移动的距离在任一时刻均是相同的。假设所求解中只有 ω_z 不为零，则各点合成位移为绕 z 轴的转动位移，如图 2-7 所示。因此，对于所求解必须提供六个适当的约束条件才能确定三个平动刚体位移和三个绕坐标轴转动的刚体位移。这再次说明，如果物体应变确定，但位移不能完全确定。

2.4.3 应力与应变关系

应力与应变之间的关系用物理方程进行描述。它由广义胡克定律推导而出，通常所说材料的本构方程也就是物理方程。特别地，如果物体的变形限于弹性范围之内，对应的物理方程也可以称为弹性方程。

下面首先讨论应变分量如何用应力分量进行描述，也就是物理方程的第一种形式，应变表示为应力。

$$
\left.
\begin{array}{l}
\varepsilon_x = \dfrac{1}{E}\left[\sigma_x - \mu(\sigma_y + \sigma_z)\right] \\[2mm]
\varepsilon_y = \dfrac{1}{E}\left[\sigma_y - \mu(\sigma_z + \sigma_x)\right] \\[2mm]
\varepsilon_z = \dfrac{1}{E}\left[\sigma_z - \mu(\sigma_x + \sigma_y)\right] \\[2mm]
\gamma_{xy} = \dfrac{1}{G}\tau_{xy} \\[2mm]
\gamma_{yz} = \dfrac{1}{G}\tau_{yz} \\[2mm]
\gamma_{zx} = \dfrac{1}{G}\tau_{zx}
\end{array}
\right\}
\tag{2-19}
$$

下面选取一个单向拉伸的特例，则上式变为

$$
\varepsilon_x = \frac{\sigma_x}{E}; \quad \varepsilon_y = -\mu\frac{\sigma_x}{E}; \quad \varepsilon_z = -\mu\frac{\sigma_x}{E}
\tag{2-20}
$$

式中　E ——拉压弹性模量；

　　　G ——剪切弹性模量；

　　　μ ——泊松比（系数）。

为什么 ε_x、ε_y、ε_z 与三项的正应力 σ_x、σ_y、σ_z 均有关系呢？

以图 2-8 所示单向拉伸为例，物体不仅会沿荷载作用方向引起拉伸应变，在 y、z 方向上还会引起相应的压缩应变（负号表示应变类型相反）。这是什么意思呢？在 x 方向受拉情况下，物体沿 x 方向会伸长，但 y、z 这方向具有一定程度的收缩，仿佛在周围侧面受到了压力一样。泊松比就是反映仅仅在 x 方向受力变形的情况下，相应在其他方向可能产生变形潜力的系数。因此，x 方向的应变 ε_x 不仅由 σ_x 引起，也可能由 σ_y、σ_z 引起。

从上面分析来看，物体在受载过程中，尽管体积会变化，但是仍具有维持体积不变的趋势，也就是某一方向伸长（或缩短），则其他方

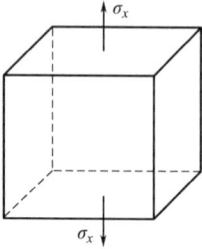

图 2-8　应力-应变关系

向缩短（或伸长），这种趋势与材料的泊松比有关。通常延性好的材料，泊松比比较大。材料的泊松比越大，某一方向受载时在其他方向产生的形变也越大。传统美食兰州拉面的加工方法有助于理解这一点。在面条手拉的过程中，面条长度在变长，但是同时横向也在变细，无论是弹性体还是弹塑性体，泊松比揭示的力学现象都是成立的，只是程度有所差别而已。

物理方程的第二种形式是应力采用应变表示，可通过把应力分量看作未知数，通过对式（2-19）采用克莱姆法则求得，也可通过矩阵求逆阵变化获得，具体形式如下：

$$
\left.
\begin{aligned}
\sigma_x &= \frac{E(1-\mu)}{(1+\mu)(1-2\mu)}\left(\varepsilon_x + \frac{\mu}{1-\mu}\varepsilon_y + \frac{\mu}{1-\mu}\varepsilon_z\right) \\
\sigma_y &= \frac{E(1-\mu)}{(1+\mu)(1-2\mu)}\left(\varepsilon_y + \frac{\mu}{1-\mu}\varepsilon_z + \frac{\mu}{1-\mu}\varepsilon_x\right) \\
\sigma_z &= \frac{E(1-\mu)}{(1+\mu)(1-2\mu)}\left(\varepsilon_z + \frac{\mu}{1-\mu}\varepsilon_x + \frac{\mu}{1-\mu}\varepsilon_y\right) \\
\tau_{xy} &= \frac{E}{2(1+\mu)}\gamma_{xy} \\
\tau_{yz} &= \frac{E}{2(1+\mu)}\gamma_{yz} \\
\tau_{zx} &= \frac{E}{2(1+\mu)}\gamma_{zx}
\end{aligned}
\right\}
\tag{2-21}
$$

式中　　　E——拉压弹性模量；

　　　　　G——剪切弹性模量；

$G = \dfrac{E}{2(1+\mu)}$——G、E 与泊松比（系数）μ 之间的关系。

物理方程第二形式采用矩阵形式描述如下：

$$
\begin{Bmatrix}
\sigma_x \\ \sigma_y \\ \sigma_z \\ \tau_{xy} \\ \tau_{yz} \\ \tau_{zx}
\end{Bmatrix}
= \frac{E(1-\mu)}{(1+\mu)(1-2\mu)}
\begin{bmatrix}
1 & \frac{\mu}{1-\mu} & \frac{\mu}{1-\mu} & 0 & 0 & 0 \\
\frac{\mu}{1-\mu} & 1 & \frac{\mu}{1-\mu} & 0 & 0 & 0 \\
\frac{\mu}{1-\mu} & \frac{\mu}{1-\mu} & 1 & 0 & 0 & 0 \\
0 & 0 & 0 & \frac{1-2\mu}{2(1-\mu)} & 0 & 0 \\
0 & 0 & 0 & 0 & \frac{1-2\mu}{2(1-\mu)} & 0 \\
0 & 0 & 0 & 0 & 0 & \frac{1-2\mu}{2(1-\mu)}
\end{bmatrix}
\begin{Bmatrix}
\varepsilon_x \\ \varepsilon_y \\ \varepsilon_z \\ \gamma_{xy} \\ \gamma_{yz} \\ \gamma_{zx}
\end{Bmatrix}
\tag{2-22}
$$

可简记为

$$\boldsymbol{\sigma} = \boldsymbol{D}\boldsymbol{\varepsilon} \tag{2-23}$$

2.4.4　单元平衡微分方程

当一个物体受力平衡时，不仅宏观体系上保持平衡，而且在微观单元上也要维持平衡。因此，对于一个平衡的物体，从中取出其中一个微小单元，那么它也是平衡的。为叙述方便，下面假设在某平面问题中取出一个微小的矩形单元，然后推导它的平衡方程。因为推导的平衡方程存在微分符号表达式，所以一般称之为单元平衡微分方程。

在图 2-9 所示的矩形单元中，假设 x 方向和 y 方向的尺寸分别为 $\mathrm{d}x$ 和 $\mathrm{d}y$，在 z 方向取 1 个单位长度。该单元平衡微分方程推导步骤如下：

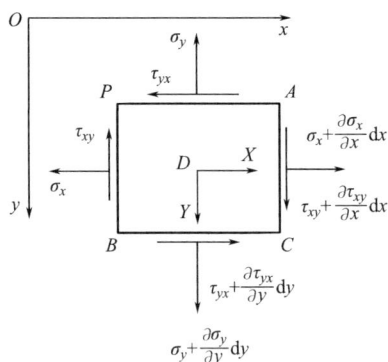

图 2-9　矩形平面单元应力状态分析

（1）首先求各个侧面上每一个应力分量的合力，合力大小等于每个应力分量乘以对应的侧面面积（侧面面积为对应侧边长度乘以 z 向单位长度 1，数值上等于对应侧边长度）。

（2）每一应力分量的合力作用在对应侧面形心处，体积力作用在形心处，分别用 X、Y 表示（三维时体积力涉及 X、Y 和 Z 三个分量）。

（3）沿各坐标轴分别取力平衡，可得二维形式的单元平衡微分方程。

$$\left.\begin{array}{l} \dfrac{\partial \sigma_x}{\partial x} + \dfrac{\partial \tau_{yx}}{\partial y} + X = 0 \\[3mm] \dfrac{\partial \tau_{xy}}{\partial x} + \dfrac{\partial \sigma_y}{\partial y} + Y = 0 \end{array}\right\} \tag{2-24}$$

将式（2-24）由二维平面向三维空间扩展，可获得三维形式的单元平衡微分方程。

$$\left.\begin{array}{l} \dfrac{\partial \sigma_x}{\partial x} + \dfrac{\partial \tau_{yx}}{\partial y} + \dfrac{\partial \tau_{zx}}{\partial z} + X = 0 \\[3mm] \dfrac{\partial \tau_{xy}}{\partial x} + \dfrac{\partial \sigma_y}{\partial y} + \dfrac{\partial \tau_{zy}}{\partial z} + Y = 0 \\[3mm] \dfrac{\partial \tau_{xz}}{\partial x} + \dfrac{\partial \tau_{yz}}{\partial y} + \dfrac{\partial \sigma_z}{\partial z} + Z = 0 \end{array}\right\} \tag{2-25}$$

值得注意的是：上式中 X、Y、Z 分别表示体积力分量。通常提到的术语体积力、面积力并不具有力的量纲，而是指分布在物体体积域内的体力集度或分布在物体表面上的面力集度。这和应力的概念类似，应力也不具有力的量纲。

2.5　边界条件

在实际研究过程中，研究的对象一般是任意的、形状很复杂的物体。在物体的边界上，通常存在着某种形式的约束。约束本质上是一种针对物理量的限制条件，压缩了该物理量的取值或者可以变化的范围，需要通过数学或力学形式的方程表达出来，这种数学或力学的表达式就是相应的边界条件。通常与位移有关的边界条件称为位移边界条件，与荷载或者应力有关的边界条件称为应力边界条件。在某一实际问题求解过程中，两种类型的边界条件可以同时存在。

2.5.1 应力边界条件

在图 2-10（a）所示具有一定厚度的板状物体中，边界为任意曲面形状，在点 P 处受有面力。可以先将其假设为一定厚度的平面板状物，这样相应的曲面边界就简化为曲线边界。在点 P 处 $\overline{X}$、$\overline{Y}$ 相应的面力分量作用在曲边上，对点 P 附近的局部区域产生影响。尽管曲线形状是任意的，但只要取出分析的边界弧长比较小，就可以用三角形单元来描述这种应力边界条件。在图 2-10（b）中，斜边 AB 用来替代原始的弧长微段。需要补充的是，在上述分析过程中，尽管作用在边界弧长上的面力既可能是集中作用的形式也可能是分布作用的形式，但均会在物体内部引起附加应力，因此统一称为应力边界条件。

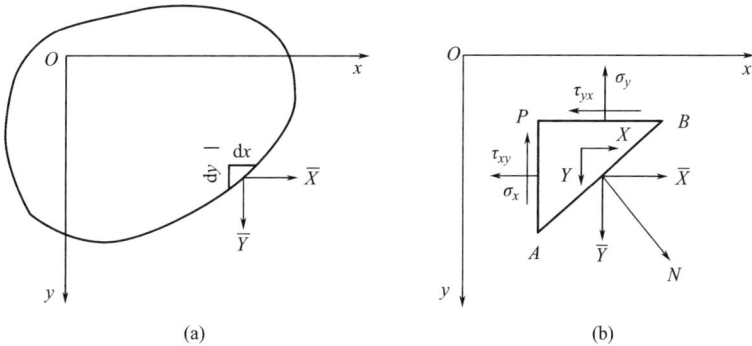

图 2-10　一点处应力边界条件（斜面为边界面）

假设 $\overline{X}$ 和 $\overline{Y}$ 为沿坐标轴的面力分量，分别沿坐标轴取平衡，可推导出二维应力边界条件为：

$$\overline{X} = \sigma_x l + \tau_{xy} m \qquad \overline{Y} = \sigma_y m + \tau_{yx} l \tag{2-26}$$

$$\cos(N, x) = l, \cos(N, y) = m \tag{2-27}$$

上式二维应力边界条件可进一步拓展到三维应力边界条件，表达式如下：

$$\left. \begin{array}{l} \overline{X} = \sigma_x l + \tau_{xy} m + \tau_{xz} n \\ \overline{Y} = \tau_{yx} l + \sigma_y m + \tau_{yz} n \\ \overline{Z} = \tau_{zx} l + \tau_{zy} m + \sigma_z n \end{array} \right\} \tag{2-28}$$

2.5.2 位移边界条件

一般情况下，位移边界条件的处理相对简单一些。在约束曲面（空间问题）或者约束曲线（平面问题）附近划分单元，斜面（或者斜线）代替曲面（曲线）。然后，在斜面（或斜边）节点上施加约束位移。考虑位移协调，假设在点 P 附近已知位移分量为 $\overline{u}$、$\overline{v}$，则在对应节点上指定 $u = \overline{u}$，$v = \overline{v}$。

对于图 2-11 所示的悬臂梁，由于端部为固定约束，端部截面各点位移均为零。对于端部截面上的位移约束可以这样处理，将截面上的节点位移分量均赋值为 0，可以批量处理。

2.5.3 混合边界条件

在实际问题中，边界条件较为复杂，上述两种边界条件可能同时存在，如图 2-12 所示。这种情况下，需要按照混合边界条件进行分析，分别独立处理相应的边界条件，不要有所遗漏。

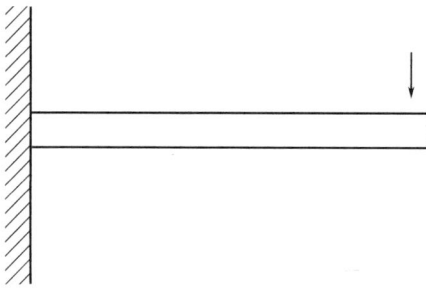

图 2-11　悬臂梁位移边界

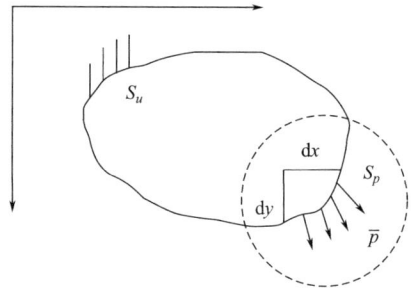

图 2-12　位移边界面

2.6　弹性力学的平面问题

严格地说，实际的弹性结构都是空间结构，并处于空间的受力状态，属于空间问题。然而，对于某些特定的问题，根据结构和受力情况可以简化为平面问题来处理。平面问题一般可以分为两类，一类是平面应变（平面位移）问题，另一类是平面应力问题。

2.6.1　平面应变问题

这类物体分别从形状、受载和约束条件三方面考虑，存在如下特点：

（1）z 向（轴向）尺寸远大于 x、y 向（沿横截面方向）尺寸，且与 z 轴垂直的各个横截面尺寸都相同。这种情况下，任一横截面均可作为对称面。

（2）受有平行于横截面（x、y 平面）且不沿 z 向变化的外荷载（包括体力 x、y，但 $z=0$），约束条件沿 z 向也不变，也就是外部荷载和约束条件都不沿长度变化。

下面分举三例，譬如内部充有流体而受内压的管道（图 2-13a）、采矿工程中地下的长水平巷道（图 2-13b）和水利工程中的蓄水大坝（图 2-13c）等。

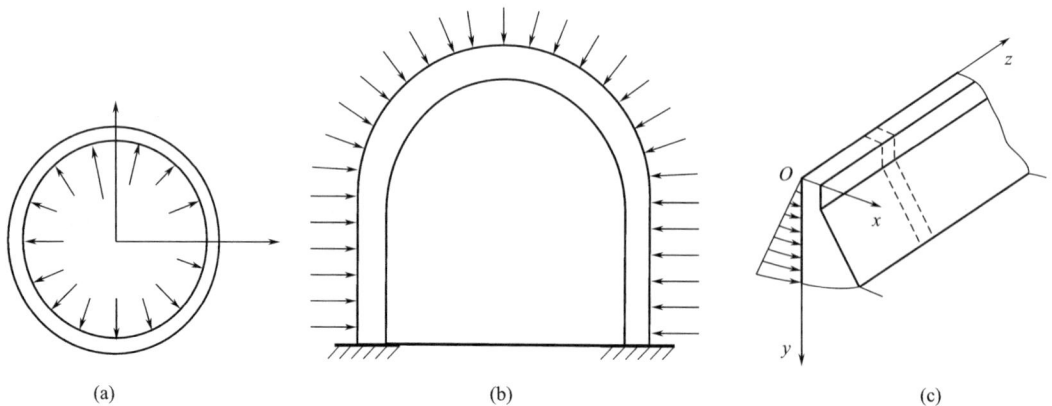

（a）　　　　　　　　　　　（b）　　　　　　　　　　　（c）

图 2-13　受内压的圆柱管道、长水平巷道、蓄水大坝受力分析图

任一横截面可作为对称面，其内各点只有 x、y 向位移，不会有 z 向位移，因此称为平

面应变问题。平面问题的特征可概括为所有内在因素和外来作用都不沿轴向或者纵向变化。

以任一横截面（参考图 2-13c 中 x、y 平面）作为研究平面，则所有一切应力分量、形变分量和位移分量都不沿纵向（z 向）变化。但是由于 z 向位移被阻止，所以 $\sigma_z \neq 0$。

下面讨论平面应变问题的基本方程。

1. 几何方程

对于平面应变问题：$w = 0$，$u(x, y)$、$v(x, y)$ 对于 z 轴的偏导数为 0，故有 $\varepsilon_z = \gamma_{yz} = \gamma_{zx} = 0$，所以有

$$\{\varepsilon\} = \begin{Bmatrix} \varepsilon_x \\ \varepsilon_y \\ \gamma_{xy} \end{Bmatrix} = \begin{Bmatrix} \dfrac{\partial u}{\partial x} \\ \dfrac{\partial v}{\partial y} \\ \dfrac{\partial v}{\partial x} + \dfrac{\partial u}{\partial y} \end{Bmatrix} \tag{2-29}$$

2. 物理方程

由于 $\gamma_{yz} = \gamma_{zx} = 0$，故有 $\tau_{zx} = \tau_{yz} = 0$；由于 $\varepsilon_z = 0$，即 $\sigma_z = \mu(\sigma_x + \sigma_y)$（物理方程第一形式的第 3 式）。注意平面应变问题 $\varepsilon_z = 0$，但 $\sigma_z \neq 0$，将 σ_z 用其余应力表示的表达式代入物理方程，有

$$\begin{aligned} \varepsilon_x &= \frac{1+\mu}{E}\left[(1-\mu)\sigma_x - \mu\sigma_y\right] \\ \varepsilon_y &= \frac{1+\mu}{E}\left[(1-\mu)\sigma_y - \mu\sigma_x\right] \\ \gamma_{xy} &= \frac{1}{G}\tau_{xy} \end{aligned} \tag{2-30}$$

进一步整理，可得

$$\begin{aligned} \sigma_x &= \frac{E}{(1+\mu)(1-2\mu)}\left[(1-\mu)\varepsilon_x + \mu\varepsilon_y\right] \\ \sigma_y &= \frac{E}{(1+\mu)(1-2\mu)}\left[\mu\varepsilon_x + (1-\mu)\varepsilon_y\right] \\ \tau_{xy} &= \frac{E}{2(1+\mu)}\gamma_{xy} \end{aligned} \tag{2-31}$$

即

$$\{\sigma\} = \begin{Bmatrix} \sigma_x \\ \sigma_y \\ \tau_{xy} \end{Bmatrix} = \frac{E}{(1+\mu)(1-2\mu)} \begin{bmatrix} 1-\mu & \mu & 0 \\ \mu & 1-\mu & 0 \\ 0 & 0 & \dfrac{1-2\mu}{2} \end{bmatrix} \begin{Bmatrix} \varepsilon_x \\ \varepsilon_y \\ \gamma_{xy} \end{Bmatrix} \tag{2-32}$$

简写成

$$\{\boldsymbol{\sigma}\} = [\boldsymbol{D}] \cdot \{\boldsymbol{\varepsilon}\} \tag{2-33}$$

式中 $[\boldsymbol{D}]$——平面应变问题的弹性矩阵。

3. 单元平衡微分方程

因为平面应变问题中独立分量只有 σ_x、σ_y、τ_{xy}、$\sigma_z = \mu(\sigma_x + \sigma_y)$，它们都是 x、y 的

函数，与 z 无关，且体力 $Z=0$，故有：

$$\left.\begin{array}{l} \dfrac{\partial \sigma_x}{\partial x} + \dfrac{\partial \tau_{yx}}{\partial y} + X = 0 \\[3mm] \dfrac{\partial \tau_{xy}}{\partial x} + \dfrac{\partial \sigma_y}{\partial y} + Y = 0 \end{array}\right\} \tag{2-34}$$

2.6.2 平面应力问题

这类物体分别从形状、受载和约束条件三方面考虑，存在如下特征：

(1) 长、宽尺寸远大于厚度；

(2) 沿板边受有平行板面的面力，且沿厚度均匀分布，体力平行于板面且不沿厚度变化，在平板的前后表面上无外力作用。

在图 2-14 所示的连接钢板中，上下两侧受力；图 2-15 所示的支撑平板左右两端面受力。它们均可按平面应力问题分析。

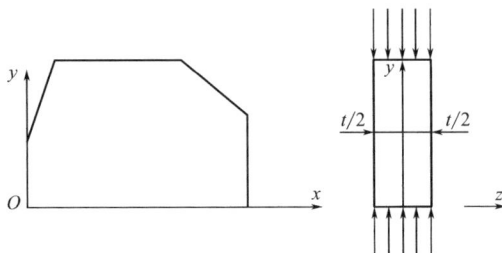

图 2-14 连接钢板受力情况   图 2-15 支撑平板两侧受力

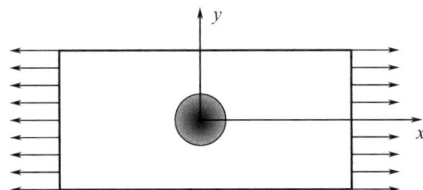

板内任取单元进行受力分析。因为在平板的前后表面上各点的 $\sigma_z = \tau_{zx} = \tau_{zy} = 0$，但在板的内部有这些应力，由于板厚 t 很小，故这些应力也很小，可略去不计。由于板内各点的应力分量中 $\sigma_z = \tau_{zx} = \tau_{zy} = 0$，只剩下 xy 平面的 σ_x、σ_y、$\tau_{xy} = \tau_{yx}$，因此称为平面应力问题。平面应力问题的特征可概括为薄板侧向受力问题。由于板的厚度很小，则剩余应力分量、形变分量都不沿厚度变化，并且垂直于板面方向的 $\varepsilon_z \neq 0$。

对于平面应力问题的基本方程，可做如下分析说明。将 $\tau_{zx} = \tau_{zy} = 0$ 代入物理方程，有

$$\gamma_{yz} = \gamma_{zx} = 0 \tag{2-35}$$

将 $\sigma_z = 0$ 代入物理方程，可得

$$\varepsilon_z = -\frac{\mu}{E}(\sigma_x + \sigma_y) \tag{2-36}$$

由此可知平面应力问题中 $\sigma_z = 0$，但是 $\varepsilon_z \neq 0$，这与平面应变问题两者的情况恰好相反。由于 $\sigma_z = 0$，化简可得平面应力问题的物理方程，表述如下：

$$\left.\begin{array}{l} \varepsilon_x = \dfrac{1}{E}\left[\sigma_x - \mu\sigma_y\right] \\[3mm] \varepsilon_y = \dfrac{1}{E}\left[\sigma_y - \mu\sigma_x\right] \\[3mm] \gamma_{xy} = \dfrac{2(1+\mu)}{E}\tau_{xy} \end{array}\right\} \tag{2-37}$$

进一步写成矩阵形式

$$\{\boldsymbol{\sigma}\} = \begin{Bmatrix} \sigma_x \\ \sigma_y \\ \tau_{xy} \end{Bmatrix} = \frac{E}{(1-\mu^2)} \begin{bmatrix} 1 & \mu & 0 \\ \mu & 1 & 0 \\ 0 & 0 & \dfrac{1-\mu}{2} \end{bmatrix} \begin{Bmatrix} \varepsilon_x \\ \varepsilon_y \\ \gamma_{xy} \end{Bmatrix} = [\boldsymbol{D}] \cdot \{\boldsymbol{\varepsilon}\} \tag{2-38}$$

式中 $[\boldsymbol{D}] = \dfrac{E}{(1-\mu^2)} \begin{bmatrix} 1 & \mu & 0 \\ \mu & 1 & 0 \\ 0 & 0 & \dfrac{1-\mu}{2} \end{bmatrix}$ ——平面应力的弹性矩阵。

综上所述，平面应力问题与平面应变问题的几何方程相同；物理方程在矩阵表述形式上相同，但其中的弹性矩阵不一致。

2.7　圣维南原理

求解弹性力学问题时，不仅要使应力、应变和位移分量在求解域内完全满足基本方程，而且在边界上也要满足给定的约束条件，但是实际物体由于多方面的复杂因素共同作用，很难完全满足边界条件。如果关注点不是载荷作用部分的局部应力时，可以考虑利用圣维南原理进行边界条件简化。圣维南原理的提出至今已有一百多年，虽然目前还没有严格的数学表示和证明，但大量的实际计算和实验测量都证实了它的正确性。圣维南原理有两种表述形式。

2.7.1　第一种表述形式

第一种表述形式为：如果把物体的一小部分边界上的面力，变换为分布不同但静力等效的面力（即主矢量相同、对同一点的主矩也相同），那么近处的应力分布将有显著的改变，但远处所受的影响可以不计。

这一简化是否合理呢？可以通过分析下面的例子进行解释。当将细长的小铁柱施加外力悬挂在空中时，可以有两种办法：一种是小铁柱顶面采用钢索悬吊，相当于施加一种集中力；另一种是用磁铁吸附，这种吸附力相当于施加一种均布力。显而易见，无论采用哪种方法，钢丝绳的拉力和磁铁的吸附力都等于物体重力。对物体的顶面而言，力的主矢均是相同的，主矩为零向量。对于钢索悬吊起来的顶面，除了在力的作用点附近有表面应力外，其余表面各处无应力存在；而在磁铁吸引的情况下，顶面各处均有应力存在。按照圣维南原理，尽管顶面附近的受力不同，但在物体的远处效应是基本相同的。

2.7.2　第二种表述形式

圣维南原理第二种表述形式为：如果物体一小部分边界上的面力是一个平衡力系（主矢量及主矩都等于零），那么这个面力就只会使得近处产生显著的应力，远处的应力可以忽略不计。圣维南原理第二种表述形式本质上阐述的是"静力等效"的思想。为便于直观理解，下面从热力学的角度进行解释。

同样是上面所述的细长小铁柱。这次在小铁柱底面，左边施加低温，右侧施加高温，则在远处底部的低温与高温产生的效应相互抵消，可以忽略不计；但在小铁柱底面，低温与高温的作用效应同时存在，显然不可抵消。

习 题

1. 连续性假定在有限元分析中对于物体有何意义？

2. 完全弹性假定在材料力学分析中有何意义？

3. 只有同一种材料构成的物体才满足均匀性假定吗？

4. 钢构件内部由各向异性的金属晶体组成，那么为什么一般认为满足各向同性假定？

5. 小位移和小变形假定在构建力学分析中有何作用？

6. 什么是体积力？体积力的单位是什么？

7. 什么是面力？面力的单位是什么？

8. 三维问题中一点的应力分量有几个？一点的应变分量又有几个？

9. 物体的形状用什么参数进行描述？

10. 形变用来描述什么物理参数的改变？

11. 什么是刚体位移？

12. 如果物体各点位移一定，各点的应变一定吗？反之呢？

13. 什么是物理方程？

14. 弹性方程与物理方程有何区别？

15. 单元体积微分方程用什么力学方程描述？

16. 单元平衡微分方程用什么力学方程描述？

17. 边界条件分为哪几种？

18. 平面问题分为哪两类问题？

19. 平面应变问题的物体在形状上有何特点？

20. 可归纳于平面应变问题的物体在受力上有何特点？

21. 约束条件沿长度变化会影响平面问题的判定吗？

22. 平面应力问题的物体在形状受力上有何特点？

23. 平面应力问题强调为薄板，这是为什么？

24. 请举生活中的实例来说明圣维南原理。

第3章 变形体力学原理

本章将围绕有限单元刚度方程推导过程中常见的理论方法为主线进行讲述，包括虚位移原理与最小势能原理。在此基础上，对于虚位移原理与虚功原理进行了辨析，并分析了刚体和变形体在应用虚位移原理时功的方程表述有何差异。

3.1 变形体虚功原理与虚位移原理

首先分析刚体的情况，然后引入变形体分析。实际上，刚体可以视作特殊的变形体。如果变形体内部各点的应变总为零，或者说不发生形变，那么它就蜕变为刚体。按照由易到难的思路，首先分析刚体的虚功原理和虚位移原理。

3.1.1 刚体虚功原理

在图 3-1 所示的平衡杠杆中，假设杠杆 AB 为一刚体，该刚体上存在一个平衡力系（P_A，P_B），导致杠杆在水平位置保持静止平衡。假设杠杆两端部分别发生虚位移（假想的或不存在的 ΔA、ΔB），力做功时，功的代数和是否为零？

图 3-1 杠杆受力分析图

杠杆上各力沿 C 点力矩平衡，可得

$$\frac{P_A}{P_B} = \frac{b}{a} \tag{3-1}$$

当杠杆绕 C 点转动时，端位移存在如下几何关系：

$$\frac{\Delta B}{\Delta A} = \frac{b}{a} \tag{3-2}$$

整理得

$$P_A \Delta A - P_B \Delta B = 0 \tag{3-3}$$

在上式中，需要注意：刚体发生虚位移时，虽然是微小的、假想的，但和一般意义上的（实）位移一样，也必须符合几何约束条件；主动力是在位移过程中做功的力，而被动力是指由主动力引起、大小和方向受主动力影响的力；理想约束指约束力在可能位移上所做的功恒为零的约束，譬如图 3-1 中的支座约束反力 R_C（约束力方向上的位移总为零）。虚位移符号常用 δ 表示，如 δd 一般表示虚位移；有些情况也用字母右上角辅以"$*$"的方法表示虚位移，如 u^* 表示沿 x 轴方向的虚位移分量。用 δ 符号表示，一般置于字母之

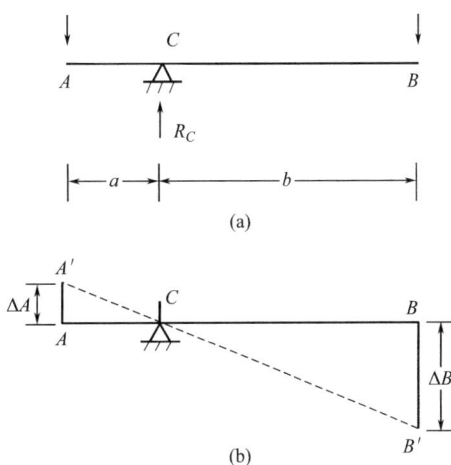

前；用"＊"符号表示时，在字母右上角进行标注，以示区别。二者选取的原则为：尽量使表述清晰，不容易引起混淆。例如，如果字母右端已经含有上标，就不宜采用"＊"符号；如果字母前已有其他计算符号，就不宜采用 δ 符号。

在此基础上，可以引出刚体的虚功原理：在力作用下处于平衡状态的体系，当发生与约束条件相符的、任意微小的刚体位移时，体系上所有主动力在位移上所做的总功（各力所做功的代数和）恒等于零。

$$W = \sum P\Delta = 0 \tag{3-4}$$

与之对应，刚体虚位移原理的一般表述为：一个具有理想约束的刚体，其平衡充分必要条件是作用于刚体上的主动力在任意虚位移上所做功的总和为零。

刚体虚功原理与虚位移原理的区别在于：两者功的表述式都一样，但条件强弱不一样，一个讲述平衡的必要条件，而另一个讲述平衡的充分必要条件。刚体的虚功原理仅给出了平衡的必要条件，而刚体虚位移原理同时给出了刚体平衡的充分必要条件。因此，一般而言，可以用虚位移原理替代虚功原理，反之则不成立，这一结论同样适用于下面的变形体。

3.1.2 变形体虚功原理

不同于刚体，变形体在受载时内部会发生变形，需要考虑内力功。这种情况下，体系的总功除外力功以外，还包括内力功。内力是克服变形产生的，方向总与变形相反，因此内力功一般取负值。在图 3-2 中，假想变形体内部存在一个人为剖分的小球，小球对外面的空心大球沿接触面作用有图示的反力。这种反力属于内力，是一种对外部荷载的抵抗力。假想球面的位移由外向里，而内力由里向外，因此球内的内力功取负值。

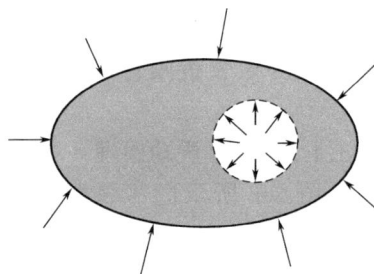

图 3-2　变形体受力分析图

对该变形体，虚功的表述式为

$$W = W_e - W_i = 0 \tag{3-5}$$

式中　W_e——外力功；

W_i——内力功。

即

$$W_e = W_i \tag{3-6}$$

在此基础上，引出变形体虚功原理：外力作用下处于平衡状态的变形体，如发生虚位移，所有外力在虚位移上的虚功（外力功）等于整个变形体内应力在虚应变上的虚功（内力功）。

与之对应，变形体虚位移原理的一般表述为：一个具有理想约束的变形体，其平衡充分必要条件是，作用于变形体上的外力在任意虚位移上所做的虚功（外力功）等于整个变形体的内应力在虚应变上的虚功（内力功）。

二者的区别在于：

（1）虚功原理是从力学现象中概括出来的一个普遍的力学原理，对刚体和变形体都可应用。不同在于刚体无内力功，变形体则需要考虑整个变形体内的内力功。

（2）变形体虚功原理与虚位移原理的区别：表述公式一样，但条件强弱不一样（必要条件与充要条件之别）。

最后需要强调一点，由于虚功原理或虚位移原理研究的是刚体或变形体的平衡问题，因此涉及的位移一般是假想的位移，即虚位移。

3.2 物体虚功计算分析

3.2.1 虚功计算

为了不失一般性，选取图 3-3 所示受外力作用处于平衡状态的变形体为例进行说明。假设各点所受的外力沿坐标轴分量分别为 U_i、V_i、W_i 和 U_j、V_j、W_j……，与之对应力作用点的虚位移分量分别为 u_i^*、v_i^*、w_i^* 和 u_j^*、v_j^*、w_j^*……，将其与物体内某一点的应力和虚应变均用列向量形式表示，如下：

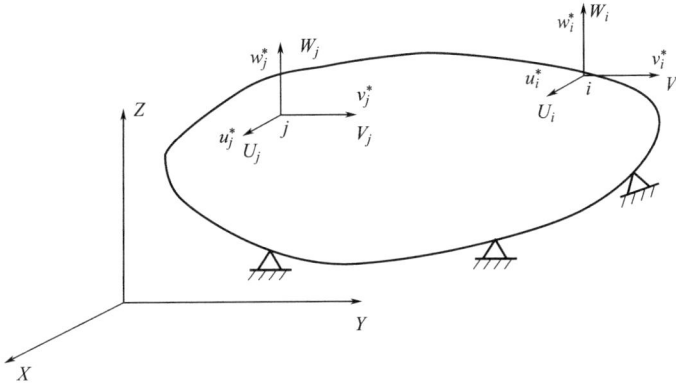

图 3-3 变形体各点受力情况分析图

$$\{\boldsymbol{F}\}=\begin{bmatrix}U_i\\V_i\\W_i\\U_j\\V_j\\W_j\\\vdots\end{bmatrix} \quad \{\boldsymbol{\delta}^*\}=\begin{bmatrix}u_i^*\\v_i^*\\w_i^*\\u_j^*\\v_j^*\\w_j^*\\\vdots\end{bmatrix} \quad \{\boldsymbol{\sigma}\}=\begin{bmatrix}\sigma_x\\\sigma_y\\\sigma_z\\\tau_{xy}\\\tau_{yz}\\\tau_{zx}\\\vdots\end{bmatrix} \quad \{\boldsymbol{\varepsilon}^*\}=\begin{bmatrix}\varepsilon_x^*\\\varepsilon_y^*\\\varepsilon_z^*\\\gamma_{xy}^*\\\gamma_{yz}^*\\\gamma_{zx}^*\\\vdots\end{bmatrix} \tag{3-7}$$

当物体发生虚位移时，外力在虚位移上的虚功为

$$U_i u_i^* + V_i v_i^* + W_i w_i^* + U_j u_j^* + V_j v_j^* + W_j w_j^* + \cdots = \{\boldsymbol{\delta}^*\}^{\mathrm{T}}\{\boldsymbol{F}\} \tag{3-8}$$

虚位移发生时，在变形体单位体积内，应力在虚应变上的虚功为

$$\sigma_x \varepsilon_x^* + \sigma_y \varepsilon_y^* + \sigma_z \varepsilon_z^* + \tau_{xy}\gamma_{xy}^* + \tau_{yz}\gamma_{yz}^* + \tau_{zx}\gamma_{zx}^* = \{\boldsymbol{\varepsilon}^*\}^{\mathrm{T}}\{\boldsymbol{\sigma}\} \tag{3-9}$$

在整个变形体内，应力在虚应变上的虚功需要进行积分，可表示为

$$\iiint \{\boldsymbol{\varepsilon}^*\}^{\mathrm{T}}\{\boldsymbol{\sigma}\}\,\mathrm{d}x\,\mathrm{d}y\,\mathrm{d}z \tag{3-10}$$

根据变形体的虚功方程，有

$$\{\boldsymbol{\delta}^*\}^{\mathrm{T}}\{\boldsymbol{F}\}=\iiint\{\boldsymbol{\varepsilon}^*\}^{\mathrm{T}}\{\boldsymbol{\sigma}\}\,\mathrm{d}x\,\mathrm{d}y\,\mathrm{d}z \tag{3-11}$$

注意：物体的内力功常表示为变形体内的应力在虚应变上的虚功，而非变形体内的内力在虚位移上的虚功。这样处理的原因何在？这是由于对于除杆件以外的一般物体，并不具有形状明确、固定的横截面，而且荷载方向多变，所以特定方位上横截面内力一般无规律可循。

3.2.2 弹性体虚功方程

根据变形体虚位移原理，可知弹性体处于平衡状态的充分必要条件是：对于任意的、满足相容条件的虚位移，总外力所做的功等于弹性体所接受的总虚变形功。

$$\delta W=\delta U \tag{3-12}$$

总外力虚功为

$$\delta W=(X\delta u+Y\delta v+Z\delta w)\mathrm{d}x\,\mathrm{d}y\,\mathrm{d}z+\iint_{S_1}(\overline{X}\delta u+\overline{Y}\delta v+\overline{Z}\delta w)\mathrm{d}S \tag{3-13}$$

式中 X，Y，Z——弹性体受到的体积力；

$\overline{X}$，$\overline{Y}$，$\overline{Z}$——弹性体受到的面力。

总虚变形功为

$$\delta U=(\sigma_x\delta\varepsilon_x+\sigma_y\delta\varepsilon_y+\sigma_z\delta\varepsilon_z+\tau_{yz}\delta\gamma_{yz}+\tau_{zx}\delta\gamma_{zx}+\tau_{xy}\delta\gamma_{xy})\mathrm{d}x\,\mathrm{d}y\,\mathrm{d}z \tag{3-14}$$

式中 σ，τ——弹性体一点的正应力和剪应力；

ε，γ——弹性体一点在发生虚位移情况下对应的虚应变。

对于平面问题，式（3-14）简化为

$$(X\delta u+Y\delta v)\mathrm{d}x\,\mathrm{d}y+\int_{S_1}(\overline{X}\delta u+\overline{Y}\delta v)\mathrm{d}S=(\sigma_x\delta\varepsilon_x+\sigma_y\delta\varepsilon_y+\tau_{xy}\delta\gamma_{xy})\mathrm{d}x\,\mathrm{d}y \tag{3-15}$$

3.3 最小势能原理

在有限单元刚度方程推导过程中常见的理论方法，除虚位移原理以外，最小势能原理也是常用的一种方法。如果说前者着重于从功的角度进行分析，那么后者则从能量的角度，将物体的平衡状态与能量的极值进行了衔接。

3.3.1 应变能

在外力作用下，物体内部将产生应力和应变。假定外力是从零开始逐渐增加的，应力和应变也将从零开始逐步增加，如图 3-4 所示。在这个加载过程中，单位体积内应力所做的功称为应变能密度，记为 $\overline{U}$。应变能密度是图示应力和应变曲线右边的面积。对于一般空间问题，$\overline{U}$ 可以表示为

$$\overline{U}=\int_0^{\varepsilon_x}\sigma_x\mathrm{d}\varepsilon_x+\int_0^{\varepsilon_y}\sigma_y\mathrm{d}\varepsilon_y+\int_0^{\varepsilon_z}\sigma_z\mathrm{d}\varepsilon_z+\int_0^{\gamma_{xy}}\tau_{xy}\mathrm{d}\gamma_{xy}+\int_0^{\gamma_{yz}}\tau_{yz}\mathrm{d}\gamma_{yz}+\int_0^{\gamma_{zx}}\tau_{zx}\mathrm{d}\gamma_{zx}=\int\{\boldsymbol{\sigma}\}^{\mathrm{T}}\mathrm{d}\{\boldsymbol{\varepsilon}\}$$

$$\tag{3-16}$$

对线弹体，代入应力-应变关系，有

$$\overline{U}=\int\{\boldsymbol{\varepsilon}\}^{\mathrm{T}}[\boldsymbol{D}]\mathrm{d}\{\boldsymbol{\varepsilon}\}=\frac{1}{2}\{\boldsymbol{\varepsilon}\}^{\mathrm{T}}[\boldsymbol{D}]\{\boldsymbol{\varepsilon}\} \tag{3-17}$$

整个体积内物体应变能可以通过积分求得

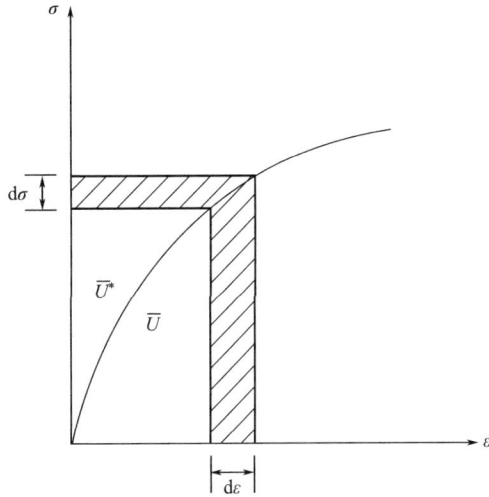

图 3-4 应变能密度

$$U = \frac{1}{2} \{\boldsymbol{\varepsilon}\}^{\mathrm{T}} [\boldsymbol{D}] \{\boldsymbol{\varepsilon}\} \, \mathrm{d}x \, \mathrm{d}y \, \mathrm{d}z \tag{3-18}$$

注意：公式（3-18）未考虑初应力和初应变。如考虑初应变，应如何处理？理论上只要调整积分下限即可，需要赋给非零的初应变值。

3.3.2 最小势能计算分析

弹性体在外力作用下，存在的势能分为两种：一种是外力势能，另一种是应变（势）能。对于应变能，可以按照公式（3-18）进行计算。外力势能是指弹性体从某一位移状态退回到无位移的初始状态时外力所做的功，计算式如下：

$$V = -\left(\sum F\delta + \{\boldsymbol{r}\}^{\mathrm{T}} \{\boldsymbol{q}\} \, \mathrm{d}x \, \mathrm{d}y \, \mathrm{d}z + \int_{S_\sigma} \{\boldsymbol{r}_{\mathrm{b}}\}^{\mathrm{T}} \{\overline{\boldsymbol{p}}\} \, \mathrm{d}S \right) \tag{3-19}$$

式中　第 1 项——集中力 F 的势能；

第 2 项——体积力 $\{\boldsymbol{q}\}$ 的势能；

第 3 项——面力 $\{\boldsymbol{p}\}$ 的势能；

S_σ ——面力作用的表面；

$\{\boldsymbol{r}_{\mathrm{b}}\}$ ——表面 S_σ 上的位移；

$\{\overline{\boldsymbol{p}}\}$ ——给定的面力。

计算外力势能时，公式（3-19）中括号外面的负号对应"弹性体从某一位移状态退回到无位移的初始状态"中"退回"两字，括号内存在的积分项按照积分下限对应初始状态以及积分上限对应终止状态进行赋值积分，即括号内仍然保持常见的积分上下限顺序。若括号外面无负号，那么括号内存在的积分项中积分上下限顺序恰好与常见的顺序相反，即下限为终止状态而上限为初始状态。

弹性体的势能为应变能和外力势能两部分之和，如下：

$$\prod_{\mathrm{P}} = U + V \tag{3-20}$$

在此基础上，引入最小势能原理：在位移满足边界条件的情况下，如果与位移相应的内力（根据几何方程和物理方程，由位移可求得对应内力）还满足静力平衡条件，则该位移使其势能为驻值。反之，在位移满足边界条件的前提下，如果此位移还能使势能为驻值，则该位移相应的内力必然满足静力平衡条件。势能取驻值就是弹性体的势能函数的变分为零，表述如下：

$$\delta \prod_P = \delta U + \delta V = 0 \tag{3-21}$$

对于线弹性体，势能取驻值进一步可以证明就是势能取最小值。弹性体的势能变分再次进行变分计算，或者说弹性体的势能取二阶变分，有

$$\delta^2 \prod_P = \delta^2 U + \delta^2 V \geqslant 0 \tag{3-22}$$

上述弹性体的最小势能原理表述尽管计算公式是明确的，但表达的核心思想是什么呢？下面可以通过两种相近表述进一步加深理解，如下：

表述 1：在所有可能位移中，真实位移使势能取驻值；反之，使势能为驻值的可能位移就是真实位移。这就是势能驻值原理。

表述 2：位移状态 d 为真实位移状态的充要条件是，对应位移 d 的势能一阶变分为零，也即对应位移 d 的势能取驻值。进一步，对线弹性问题势能为最小值。

势能原理相关的表述尽管表面看起来比较复杂，但实际可以用比较简单的生活实例诠释。譬如，停在半山腰的汽车如果开始滑动，它会向山顶上滑行吗？根据势能驻值原理，汽车向山顶滑行后对应产生的势能不可能取驻值，因此这种上滑位移不可能是真实位移，也就是这种情况在现实中不会发生。下面再考虑两个问题：（1）弹性弯曲的竹枝抛出后，它最终会停留到空中还是跌落到地面？（2）更进一步，在地面上它继续呈弯曲状，还是恢复到直线原状？显然，根据最小势能原理，竹枝（1）会跌落到地面，外力势能保持最小；（2）会恢复到直线原状，应变能保持最小。只有这样，竹枝的总势能才可能是最小的。

最小势能原理与虚位移原理等价，一个着眼于能量的角度，一个从功的角度进行分析。在最小势能原理中涉及了较多的数学和力学概念，补充说明如下：

（1）泛函是用函数作自变量的函数，而变分是泛函的微分。在最小势能原理中，位移 d 是自变量函数，势能是泛函，对势能的微分就是进行变分计算；

（2）真实位移是既协调（满足几何条件或边界条件）又平衡（满足静力平衡条件）的位移；

（3）函数一阶变分为零即势能驻值为零，线弹性时更进一步势能为最小值，这一点可以结合弹性体势能函数二阶变分的凹、凸性进行判定；

（4）势能驻值原理的成立对材料本构关系无限制，最小势能原理成立则要求材料的本构关系符合线性，后者要求条件更严格，适用范围相对要窄一些。

3.3.3　物体势能计算分析

通过最小势能原理可以知道，弹性体受载下的位移也包括形变是需要满足一定条件的，否则这种位移或形变是不可能真实发生或者出现的。在几何可能的一切容许位移和形变中，真正的位移和形变使总势能取最小值；反之，使总势能取最小值者也必是真正的位移和形变。单元刚度矩阵的推导可通过最小势能原理进行。弹性体势能相关计算如下。

弹性体形变势能为

$$U = \frac{1}{2}(\sigma_x \varepsilon_x + \sigma_y \varepsilon_y + \sigma_z \varepsilon_z + \tau_{yz} \gamma_{yz} + \tau_{zx} \gamma_{zx} + \tau_{xy} \gamma_{xy}) \mathrm{d}x \mathrm{d}y \mathrm{d}z \qquad (3\text{-}23)$$

对应形变势能变分为

$$\delta U = (\sigma_x \delta \varepsilon_x + \sigma_y \delta \varepsilon_y + \sigma_z \delta \varepsilon_z + \tau_{yz} \delta \gamma_{yz} + \tau_{zx} \delta \gamma_{zx} + \tau_{xy} \delta \gamma_{xy}) \mathrm{d}x \mathrm{d}y \mathrm{d}z \qquad (3\text{-}24)$$

外力势能为

$$V = -(Xu + Yv + Zw) \mathrm{d}x \mathrm{d}y \mathrm{d}z - \iint_{S_1} (\overline{X}u + \overline{Y}v + \overline{Z}w) \mathrm{d}S \qquad (3\text{-}25)$$

对应外力势能变分为

$$\delta V = -(X\delta u + Y\delta v + Z\delta w) \mathrm{d}x \mathrm{d}y \mathrm{d}z - \iint_{S_1} (\overline{X}\delta u + \overline{Y}\delta v + \overline{Z}\delta w) \mathrm{d}S \qquad (3\text{-}26)$$

比较弹性体虚功计算公式和势能计算公式，可以发现：弹性体形变势能的变分表达式与虚变形功的表达式完全相同；外力势能的变分表达式与外力虚功负值的表达式完全相同。这是因为虚位移或者虚应变本质上也是位移或者应变的一种变分计算。

需要特别指出的是，势能原理不涉及虚位移的概念。在相关计算过程中，势能涉及的位移是物体各点真实发生的位移。这种真实位移发生的过程起始于加载开始时刻，终止于加载完成并且物体保持新的平衡状态。

3.4 里 兹 法

在掌握虚位移原理和最小势能原理之后，就可以对物体的内力和变形进行求解计算。具体的求解思路可以沿袭里兹法，即先假定位移函数，然后按照计算原理进行分析。

3.4.1 基本步骤

（1）选定满足边界条件的一些独立函数作为基函数或试函数；

（2）以基函数的线性组合作为近似位移场，待确定的组合系数称为广义坐标；

（3）然后利用某一原理确定这些广义坐标（虚位移原理的虚功方程或最小势能原理的势能函数变分）；

（4）将求得的广义坐标代入近似位移场，可得到位移的近似解，在此基础上可求其他物理量。

在上述过程中，需要注意以下要点：

（1）里兹法的关键是假设合理的"基函数"，基函数的优劣直接影响方法的效率和精度，错误的基函数将导致无法求解。基函数的选取可以参考相应的材料力学或者结构力学的知识，譬如梁的挠曲变形为横坐标的幂函数组成的多项式。

（2）欲提高基函数的精度，需要增加基函数的项数和待定广义坐标的个数。

（3）基函数定义在全域之上，而有限单元法定义在子域之上，因此里兹法要求在求解域内保持统一的计算精度，而不能随部位的不同随意调整精度。

3.4.2 应用举例

1. 基于虚位移原理求解

在图 3-5 所示的悬臂梁中，假设分别受有集中荷载和均布荷载，梁的长度和弯曲刚度已知，如何求解呢？

对于该悬臂梁，应用基于虚位移原理的虚功方程。虚变形功按下式计算：

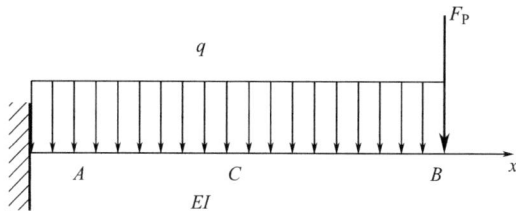

图 3-5 悬臂梁及其荷载

$$\delta W_e = \int_0^l M \delta k \, \mathrm{d}x = \int_0^l EI v'' \delta v'' \mathrm{d}x \tag{3-27}$$

首先，基于材料力学中梁的挠曲变形结论，选择满足位移边界条件的"基函数"，对图示梁可取分别包含幂函数 x^2、x^3 和 x^4 等的多项式。由此，可设梁的挠曲线为

$$v = a_1 x^2 + a_2 x^3 + a_3 x^4 + \cdots + a_n x^{n+1} \tag{3-28}$$

式中 a_1，a_2，a_3，$\cdots$，a_n——广义坐标。

显然，通过式（3-28）将本来是无限自由度的问题，简化成只含有限个广义坐标的有限自由度问题。

其次，设虚位移为

$$\delta v = \delta a_1 x^2 + \delta a_2 x^3 + \delta a_3 x^4 + \cdots + \delta a_n x^{n+1} \tag{3-29}$$

由式（3-28）和式（3-29）可得

$$v'' = 2a_1 + 6a_2 x + 12a_3 x^2 + \cdots + (n+1)na_n x^{n-1} \tag{3-30}$$

$$\delta v'' = 2\delta a_1 + 6\delta a_2 x + 12\delta a_3 x^2 + \cdots + (n+1)n\delta a_n x^{n-1} \tag{3-31}$$

根据虚功方程，计算外力总虚功

$$\begin{aligned}
\delta W_e &= F_{Py} \delta v_B + \int_0^l q(\delta a_1 x^2 + \delta a_2 x^3 + \delta a_3 x^4 + \cdots) \mathrm{d}x \\
&= F_{Py}(\delta a_1 l^2 + \delta a_2 l^3 + \delta a_3 l^4 + \cdots) + \\
&\quad q\left(\frac{l^3}{3}\delta a_1 + \frac{l^4}{4}\delta a_2 + \frac{l^5}{5}\delta a_3 + \cdots\right)
\end{aligned} \tag{3-32}$$

计算总虚变形功（或称为内力功）

$$\begin{aligned}
\delta W_\varepsilon = \delta W_i &= \int_0^l EI(2a_1 + 6a_2 x + 12a_3 x^2 + \cdots)(2\delta a_1 + 6\delta a_2 x + 12\delta a_3 x^2 + \cdots) \mathrm{d}x \\
&= 2EI(2a_1 l + 3a_2 l^2 + 4a_3 l^3 + \cdots)\delta a_1 + 6EI(a_1 l^2 + 2a_2 l^3 + 3a_3 l^4 + \cdots)\delta a_2 + \\
&\quad 12EI\left(\frac{2}{3}a_1 l^3 + \frac{3}{2}a_2 l^4 + \frac{12}{5}a_3 l^5 + \cdots\right)\delta a_3 + \cdots
\end{aligned}$$

$$\tag{3-33}$$

最后，令虚功方程恒成立。由于虚广义坐标的任意性、独立性，即可求得广义坐标。如果只取级数一项，则式（3-32）和式（3-33）中只出现 a_1 项，因此可得

$$a_1^1 = \frac{1}{4EI}\left(F_P l + \frac{ql^2}{3}\right), \quad v^1 = \frac{1}{4EI}\left(F_P l + \frac{ql^2}{3}\right)x^2$$

$$v_B^1 = \frac{1}{4EI}\left(F_P l + \frac{ql^2}{3}\right)l^2, \quad M_B^1 = \frac{1}{2}\left(F_P l + \frac{ql^2}{3}\right) \tag{3-34}$$

如果取级数两项，则式（3-32）和式（3-33）中只出现 a_1、a_2，结果略。

2. 基于最小势能原理求解

在图 3-6 所示侧面存在约束的等厚度板中，横向荷载分别垂直于顶端面和右侧面，试用最小势能原理求解板内的内力和变形。

由于横向荷载沿板厚度保持不变，属于平面应力问题。参考弹性力学中平板计算理论，基函数可以选取为

$$\left.\begin{array}{l} u = (a_1 + a_2 x + a_3 y + \cdots)x \\ v = (b_1 + b_2 x + b_3 y + \cdots)y \end{array}\right\} \qquad (3\text{-}35)$$

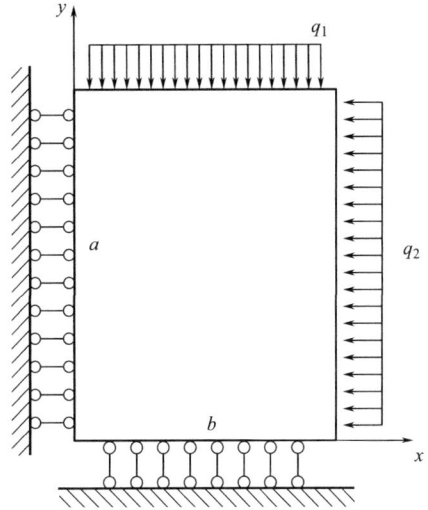

图 3-6 板及其荷载

经简单的验算，可发现假定位移场满足位移边界条件。为简单起见，式（3-35）中级数可只取一项，通过几何方程可求得应变为

$$\varepsilon_x = a_1, \ \varepsilon_y = b_1, \ \gamma_{xy} = 0 \qquad (3\text{-}36)$$

应力为

$$\sigma_x = \frac{E}{(1-\mu^2)}(a_1 + \mu b_1), \ \sigma_y = \frac{E}{(1-\mu^2)}(b_1 + \mu a_1), \ \gamma_{xy} = 0 \qquad (3\text{-}37)$$

令板厚为 δ，应变能为

$$U_\varepsilon = \frac{E\delta}{2(1-\mu^2)}\int_0^a\int_0^b [(a_1 + \mu b_1)a_1 + (b_1 + \mu a_1)b_1]\mathrm{d}x\,\mathrm{d}y$$

$$= \frac{E\delta ab}{2(1-\mu^2)}(a_1^2 + 2\mu b_1 a_1 + b_1^2) \qquad (3\text{-}38)$$

由外力势能定义，可知

$$V_P = -(-q_1 b)a_1 a - (-q_2 a)b_1 b = ab(q_1 a_1 + q_2 b_1) \qquad (3\text{-}39)$$

总势能为应变能和外力势能两者之和，计算如下

$$\prod{}_P = U_\varepsilon + V_P = \frac{E\delta ab}{2(1-\mu^2)}(a_1^2 + 2\mu b_1 a_1 + b_1^2) + ab(q_1 a_1 + q_2 b_1) \qquad (3\text{-}40)$$

在求得总势能之后，令其变分等于零（偏导数为零），可得

$$\frac{\partial \prod{}_P}{\partial a_1} = 0, \ \frac{\partial \prod{}_P}{\partial b_1} = 0 \qquad (3\text{-}41)$$

解此方程组，可得

$$a_1 = -\frac{q_1 - \mu q_2}{E}, \ b_1 = -\frac{q_2 - \mu q_1}{E} \qquad (3\text{-}42)$$

将其分别代入式（3-35）、式（3-37）和式（3-37），可求得位移、应变和应力的结果。

习　题

1. 什么是刚体？

2. 弹性体和变形体的概念有何区别?

3. 力学中所说的物体发生虚位移时,这种位移需要满足什么条件?

4. 在一个物体所对应的力系中,什么是主动力? 什么是被动力?

5. 什么是理想约束?

6. 刚体虚位移原理中被动力或者约束力做功吗?

7. 虚功原理和位移原理二者的区别是什么?

8. 变形体的内力功为什么是负值?

9. 变形体的内力功一般以虚位移还是虚应变形式表述?

10. 体积力和面力作用的区域有何不同? 二者的量纲分别是什么?

11. 体积力和面力虚功表达式有何不同?

12. 什么是应变能? 什么是应变能密度?

13. 物体的势能分为哪两部分之和?

14. 根据最小势能原理,在什么情况下势能取最小值?

15. 依据势能原理,请说出所有假定的位移满足何种条件才能是真实位移?

16. 在采用里兹法计算中如何选取基函数?

17. 在基函数组成的近似位移场中,什么是广义坐标?

18. 根据里兹法确定广义坐标的理论依据是什么?

19. 如图 3-7 所示三种情况,分别求 B 点和 C 点的挠度和截面弯矩。

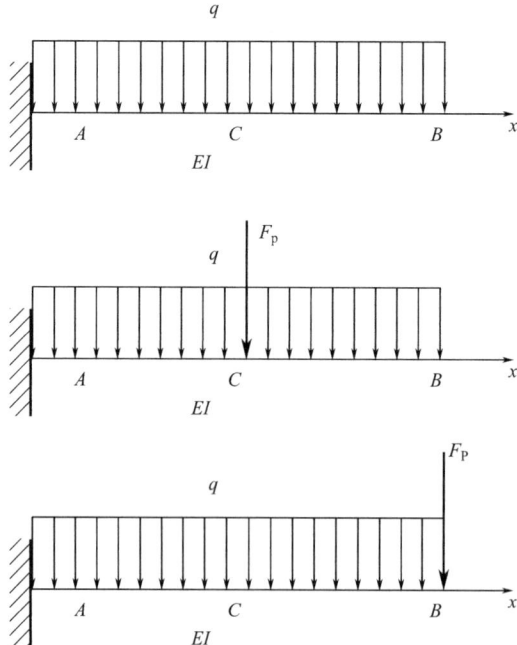

图 3-7 习题 19

20. 试用最小势能原理求解图 3-8 所示板厚为 1 的平面应力问题,F 作用在板右侧中心处。

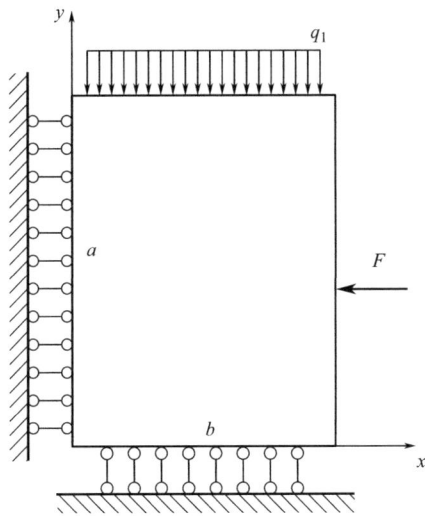

图 3-8　习题 20

21. 试用最小势能原理求解图 3-9 所示板厚为 1 的平面应力问题，力 F 作用在板顶端中心处，分布荷载 q_1 沿板顶均匀分布。

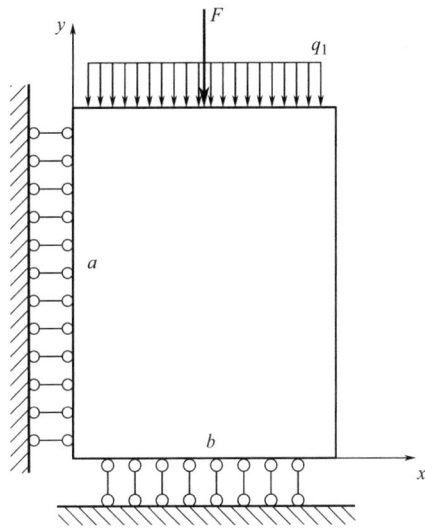

图 3-9　习题 21

第4章 杆系结构单元分析

4.1 杆系概述

杆系结构是工程中应用较为广泛的结构体系，包括平面或空间形式的梁、桁架、刚架、拱等。尽管组成形式复杂多样，但这类结构均是由若干杆件组成的，所以称为杆系结构。杆件的力学分析属于结构力学的范畴。杆系结构按受力的几何特征可分为平面杆系结构和空间杆系结构。全部杆件和全部荷载均处于同一平面之内的，称为平面杆系结构，例如一般的屋盖桁架梁；不处于同一平面内的，称为空间杆系结构，例如输电线塔架。

杆系结构中由于杆件存在自然的交汇点，因此易于沿交汇点将其拆分为一系列的单个杆件即杆单元。考虑荷载的作用点或者杆件在某一处存在截面变化或存在约束支撑，这时候也可能需要将杆件划分为两个或更多的杆单元，以方便处理。一般地，杆系结构中的每个杆件都是一个明显的自然单元。每个杆件的两个端点自然形成有限元法的节点，杆件与杆件之间通过节点相连接。

杆系结构单元分析就是建立起单一杆件两端位移与杆端力之间的关系，即设法求得单元刚度方程。杆单元刚度方程可以通过虚位移原理或最小势能原理进行推导。本质上，它反映的也是节点荷载与节点位移之间的关系。因为杆单元的端部无限趋近于杆系结构中的某一节点，有明确的对应关系。杆单元刚度方程形式上类似于胡克定律，节点荷载与节点位移之间需要通过刚度矩阵加以转换。

4.1.1 杆单元

在图 4-1 中建立局部坐标系 xOy，使坐标轴 x 与杆单元 ij 的轴线重合，坐标轴 y 与杆垂直。局部坐标系下杆单元节点沿坐标轴 x 的位移向量为

$$\boldsymbol{\delta}^{e} = \begin{bmatrix} u_i \\ u_j \end{bmatrix} \tag{4-1}$$

而与之相对应的单元沿 x 方向的节点荷载向量为

$$\boldsymbol{F}^{e} = \begin{bmatrix} F_{ix} & F_{jx} \end{bmatrix}^{\mathrm{T}} \tag{4-2}$$

假定杆单元的位移是 x 的线性函数，即

$$f = u = \alpha_1 + \alpha_2 x = \begin{bmatrix} 1 & x \end{bmatrix} \begin{Bmatrix} \alpha_1 \\ \alpha_2 \end{Bmatrix} \tag{4-3}$$

式中 α_1、α_2——待定常数。

根据杆单元边界条件

$$(u)_{x=o} = u_i, \quad (u)_{x=l} = u_j \tag{4-4}$$

代入式（4-3），可解得

图 4-1 局部坐标系 xOy

$$\begin{Bmatrix} \alpha_1 \\ \alpha_2 \end{Bmatrix} = \frac{1}{l} \begin{Bmatrix} l & 0 \\ -1 & 1 \end{Bmatrix} \boldsymbol{\delta}^e \tag{4-5}$$

再将式（4-5）代入式（4-3），经整理得到

$$f = \boldsymbol{N}\boldsymbol{\delta}^e \tag{4-6}$$

其中形函数矩阵

$$\boldsymbol{N} = \begin{bmatrix} N_i & N_j \end{bmatrix} = \begin{bmatrix} 1 - \dfrac{x}{l} & \dfrac{x}{l} \end{bmatrix} \tag{4-7}$$

从式（4-7）中可以看到形函数 N_i、N_j 有如下性质：

（1）形函数与位移是相同次数的多项式，二节点杆单元的位移为线性表达式，而形函数 N_i、N_j 也是以坐标为自变量的线性函数表达式。

（2）形函数 N_i 在节点 i 上的值为1，在其他节点 j 上的值为0；同样，形函数 N_j 也符合这样的规律。简单而言，形函数具有"本地为1，它处为0"的性质。如何理解呢？

以 N_i 为例，"本地"通过下标对应的节点号 i 加以识别，该处横坐标 x 为 0，代入 N_i 的表达式，发现 N_i 等于1；自然地，节点号 j 对应的位置对 N_i 就是"它处"，将节点号 j 处的横坐标 l 代入 N_i 的表达式，发现 N_i 等于0。

（3）在杆单元内任一点处，两个形函数之和等于1，即表示为

$$N_i + N_j = 1 \tag{4-8}$$

4.1.2 杆系结构

杆系结构是在节点处通过铆接、焊接或用其他方法把若干个杆件连接起来组成一个能共同承担外部载荷的结构，例如输电线路工程中的杆塔。有限元法对杆系结构离散通常采用自然离散的形式，也就是把等截面的杆件作为单元。

在结构力学中，常见承受轴力的杆件称为杆，承受弯矩作用的杆件称为梁。因此，理论上有限元应该有杆单元和梁单元的区分。但是，由于二者分析的都是杆件的受力行为，为叙述方便，本书均称之为杆单元。只有在特殊情况下，必须强调二者区别后，再明确加以区分。

4.2 杆系结构离散化

杆系结构有自然的连接点，如无特殊情况，在节点处将杆件彼此分离，形成一种自然化的离散过程，可以很好地描述原结构。相反，对于一般的连续体结构，在此结构中不存在天然的、明显的连接点，这种情况下必须人为地选取节点进行离散化。当然，对连续体人工划分连接点的过程可借助计算机实现，但这种情况下连接点的选取就存在多种方案，并由此可能对有限元最终模拟结果的精确性带来影响。不同结构离散化过程对比如图 4-2 所示。

杆系离散化本质上就像理论力学或结构力学中选取研究对象的过程，在该过程中将各个杆件取为隔离体，拆分为一系列单独的研究对象。当然，这些研究对象之间彼此存在着力的作用或者位移约束。简单来说，杆系离散化就是拆分杆系，获得诸多杆单元。

4.2.1 杆系离散化原则

杆系离散化就是将杆系结构拆分为一系列杆单元的过程。在杆系离散化过程中，可能

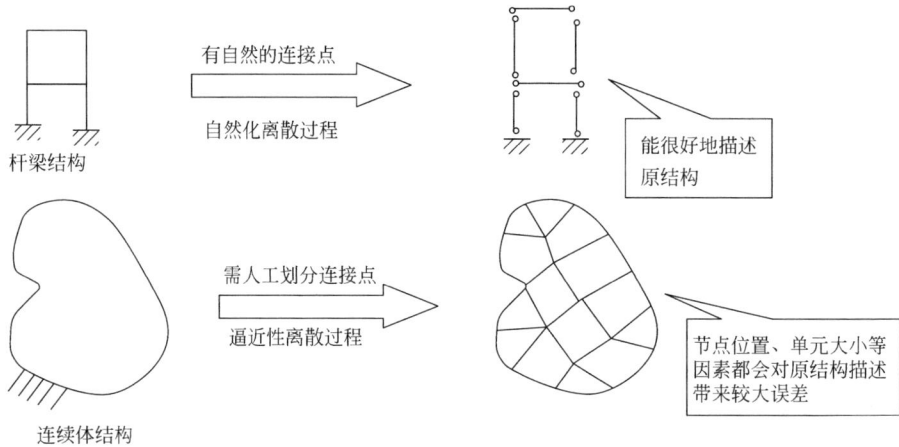

图 4-2 不同结构离散化过程对比

会遇到各种情况，譬如曲线杆和变截面杆等。对于不同的情况，尽管处理方法有所差别，但基本的原则是一样的。

曲杆、连续变截面直杆体系节点选取原则：先近似处理，以直代曲、以阶梯代替连续变截面，即通常以阶梯轴截面代替连续变截面，以直杆代替曲杆进行近似处理，近似处理后的精度取决于划分单元的数量。例如，在图 4-3（a）中，等截面曲杆可采取以直代曲原则，将其等效为多段折杆结构。只要折杆数量足够多，就可保证计算模拟的精度。同样地，在图 4-3（b）中，只要折杆数量足够多，则连续变截面结构就可以阶梯状等截面折杆结构代替。

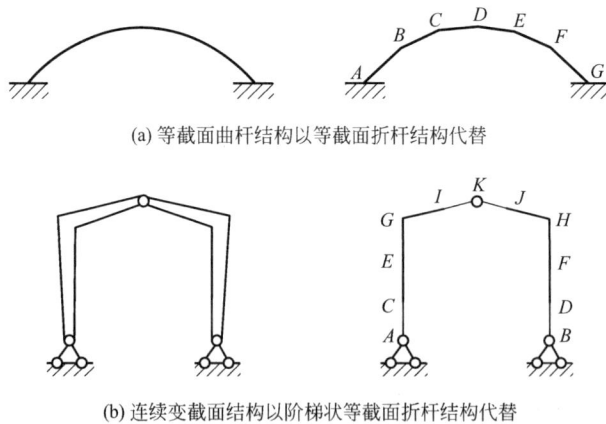

(a) 等截面曲杆结构以等截面折杆结构代替

(b) 连续变截面结构以阶梯状等截面折杆结构代替

图 4-3 曲杆结构、连续变截面结构的处理方法

对等截面直杆结构处理起来相对简单，但有时也需要拆分为两个或者更多的单元，例如对应的节点选取为与其他杆件的交汇点、支撑点和集中荷载的作用点等。对等截面直杆节点选取所在位置一般分为下述几种情况：

（1）杆件存在交汇点；

（2）截面存在突变点；

（3）杆件存在支撑点；

（4）集中荷载作用点。

在这些位置处应将其选作节点进行杆单元划分。这样尽管可能增加杆单元数量，但有助于简化每一个孤立的杆单元的计算处理。

4.2.2 杆系离散化基本内容

1. 离散化

离散化过程是选节点、拆结构、划分成单元体结合。平面刚架离散示意图如图 4-4 所示。

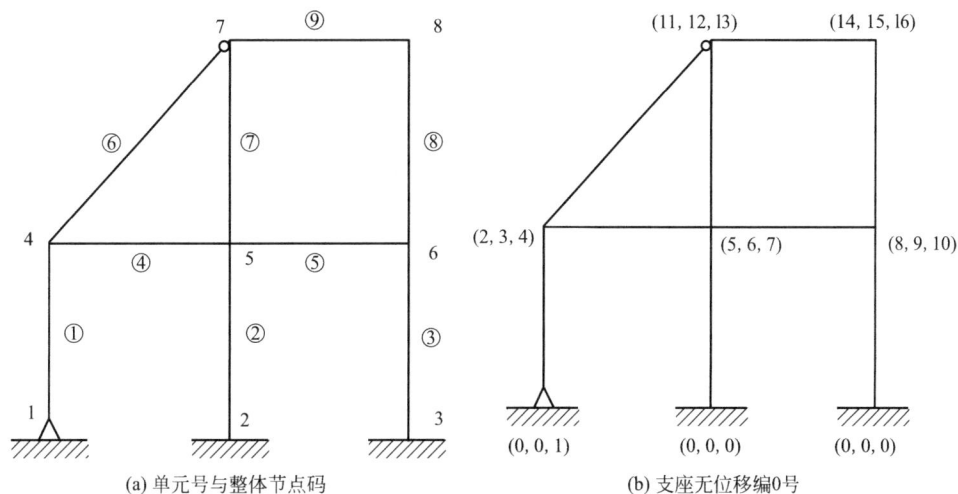

图 4-4 平面刚架离散示意图

2. 数据化

在采用计算机软件进行杆系结构计算分析时，主观文字计算机并不能直接识别，必须采用数字定量化语言进行描述，即实现模型数据化处理，才能供程序分析使用。模型数据化处理实际是对表述模型的一系列参数进行具体赋值，这些参数主要包括节点坐标、单元材料、截面特性、约束信息和荷载信息等。通常在参数赋值之前，需要建立起针对杆系结构的整体坐标系和针对每一个局部单元的单元坐标系，同一个参数在这两个坐标系中的数值一般是不一样的。在数据化过程中，最基本的参数包括节点码和节点位移码。节点码分为整体节点码和局部节点码，而节点位移码分为整体位移码和局部位移码。

上述提到的节点码对应着整体坐标系和局部坐标系，由于考虑的坐标系不同，对应的节点编码也不同。一般情况下，单元局部节点码起点用 $\bar{1}$ 表示，而终点用 $\bar{2}$ 表示，有时起点也用 i 表示，而终点用 j 表示。至于整体节点码，一般按照节点序号给出即可。节点局部编码和整体编码之间的对应关系，类似学生的学号（学校范围内的局部编码）与身份证号（社会范围内的整体编码）之间的对应关系。对于节点的位移码，节点整体位移码是按节点整体位移编码顺序排列位移分量，节点局部位移码则是按单元节点局部位移编码顺序排列位移分量，也存在着类似的解释。

4.3 杆系结构虚位移原理（虚功方程）应用

4.3.1 杆单元中的基本物理量

在图 4-5 中，单元的局部节点码分别用起点 $\overline{1}$ 和终点 $\overline{2}$ 表示。在此基础上，局部坐标单元杆端力向量（黑体表示向量或矩阵，斜体表示标量，如无特殊说明后续同）如下式所示：

$$\overline{\boldsymbol{F}}^{\mathrm{e}} = (N_1 \quad Q_1 \quad M_1 \quad N_2 \quad Q_2 \quad M_2)^{\mathrm{T}} = (\overline{\boldsymbol{F}}_1^{\mathrm{T}} \quad \overline{\boldsymbol{F}}_2^{\mathrm{T}})^{\mathrm{T}} \tag{4-9}$$

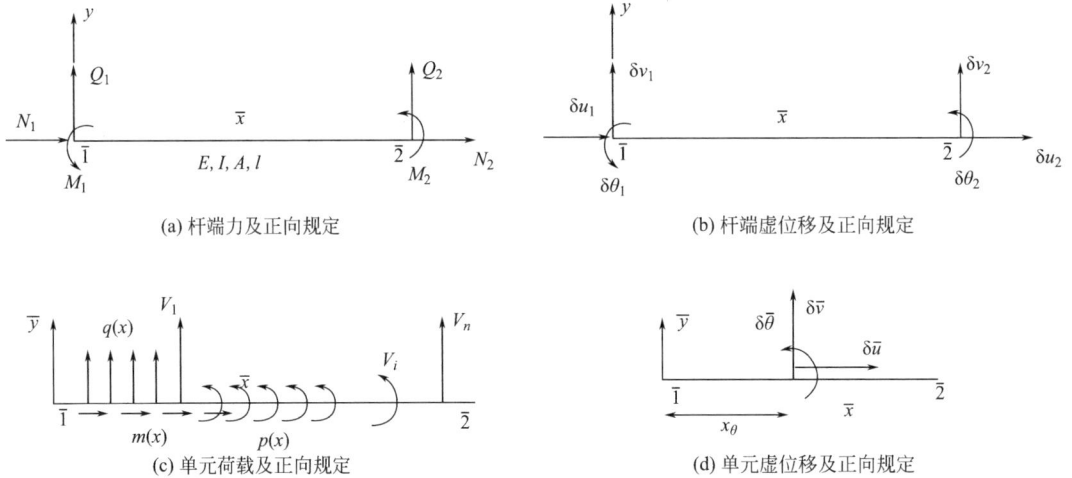

(a) 杆端力及正向规定   (b) 杆端虚位移及正向规定

(c) 单元荷载及正向规定   (d) 单元虚位移及正向规定

图 4-5 某单元 e 隔离体及相关量正向规定示意图

可以发现，杆端力向量实际由 2 个子向量构成，分别对应着起点和终点。每一个子向量分别包括该处的轴力、剪力和力偶矩，每个矢量以沿坐标轴正向为正。

局部坐标系下单元杆端虚位移向量与杆端力向量存在对应，各分量沿坐标轴正向为正，可以表示为

$$\delta\overline{\boldsymbol{\delta}}^{\mathrm{e}} = (\delta u_1 \quad \delta v_1 \quad \delta \theta_1 \quad \delta u_2 \quad \delta v_2 \quad \delta \theta_2)^{\mathrm{T}} = (\delta\overline{\boldsymbol{\delta}}_1^{\mathrm{T}} \quad \delta\overline{\boldsymbol{\delta}}_2^{\mathrm{T}})^{\mathrm{T}} \tag{4-10}$$

在每个杆单元上除作用有集中荷载外，也作用有分布荷载，单元上分布荷载向量可以表述为

$$\boldsymbol{q} = (p(x) \quad q(x) \quad m(x))^{\mathrm{T}} \tag{4-11}$$

可以发现，分布荷载向量包括不同方向的分布荷载集度，譬如轴向分布荷载集度、横向分布荷载集度和力偶分布荷载集度，正负规定同上。

单元局部坐标系下任意截面虚位移向量包括轴向虚位移、横向虚位移和转角虚位移，正负规定同上：

$$\delta\overline{\boldsymbol{d}} = (\delta\overline{u} \quad \delta\overline{v} \quad \delta\overline{\theta})^{\mathrm{T}} = \left(\delta\overline{u} \quad \delta\overline{v} \quad \frac{\mathrm{d}\delta\overline{v}}{\mathrm{d}x}\right)^{\mathrm{T}} \tag{4-12}$$

由此可知，在虚位移条件下任意微段 $\mathrm{d}x$ 会发生虚变形，对应的虚线应变为 $\delta\varepsilon = \dfrac{\mathrm{d}\delta\overline{v}}{\mathrm{d}x}$，虚曲率为 $\delta k = \dfrac{\mathrm{d}^2\delta\overline{v}}{\mathrm{d}x^2}$。

设杆单元中任意截面的实际位移为 $\overline{u}(x)$、$\overline{v}(x)$，则对应的截面内力为

$$N = EA \frac{\mathrm{d}\overline{u}}{\mathrm{d}x} \tag{4-13}$$

$$M = EI \frac{\mathrm{d}^2\overline{v}}{\mathrm{d}x^2} \tag{4-14}$$

4.3.2 杆单元虚功方程

首先，计算杆单元外力虚功

$$\delta W_\mathrm{e}^\mathrm{e} = \overline{\boldsymbol{F}}^{e\mathrm{T}} \delta\overline{\boldsymbol{\delta}}^e + \int_0^l \left[\boldsymbol{q}^\mathrm{T} \delta\overline{\boldsymbol{d}} + \sum_{i=1}^n V_i \delta(x - x_i) \times \delta\overline{v}(x) \right] \mathrm{d}x \tag{4-15}$$

然后，计算杆单元虚变形功

$$\delta W_\mathrm{d}^\mathrm{e} = \delta W_\mathrm{i}^\mathrm{e} = \int_0^l \left[N\delta\varepsilon + M\delta k \right] \mathrm{d}x \tag{4-16}$$

根据弹性体虚功原理，杆单元的外力虚功等于虚变形功即内力功，有

$$\delta W_\mathrm{e}^\mathrm{e} = \delta W_\mathrm{d}^\mathrm{e} = \delta W_\mathrm{i}^\mathrm{e} \tag{4-17}$$

在式（4-15）中，$\delta(x - x_i)$ 表示单位脉冲函数，数学描述如图 4-6 所示。该函数具有如下性质：

$$\int_{-\infty}^{\infty} \delta(t - a) \mathrm{d}t = 1 \tag{4-18}$$

$$\int_0^l f(x) \delta(x - x_i) \mathrm{d}x = f(x_i) \tag{4-19}$$

4.3.3 杆系虚功方程

对于整个杆系，杆系的外力总虚功等于总虚变形功。将式（4-15）相加，可由杆单元的外力虚功获得杆的外力总虚功如下：

$$\delta W_\mathrm{e} = \sum \left[\int_0^l \boldsymbol{q}^\mathrm{T} \delta\overline{\boldsymbol{d}} \mathrm{d}x + \sum_{i=1}^n V_i \times \delta\overline{v}(x_i) \right] + \sum \boldsymbol{F}_{\mathrm{d}j}{}^\mathrm{T} \delta\boldsymbol{\delta}_j \tag{4-20}$$

在上式中，可以发现各杆中杆端力对应的虚功并没有出现，只剩下毗邻的节点荷载 $\boldsymbol{F}_{\mathrm{d}j}$ 的外力虚功。节点荷载 $\boldsymbol{F}_{\mathrm{d}j}$ 表示直接作用在 j 节点处的荷载，而非杆端荷载或者由杆身等效而来的荷载。譬如，在图 4-7 节点 3 处 $\boldsymbol{F}_{\mathrm{d}j} = \begin{Bmatrix} U_3 \\ V_3 \\ M_3 \end{Bmatrix} (j=3)$，表示直接作用在节点 3 处的荷载，而非相邻杆对该节点的作用力。在由杆单元相加求取杆系外力总虚功的过程中，杆端对节点的作用力与节点对杆端的反作用力将会彼此抵消，即杆端力在整个杆系内为内

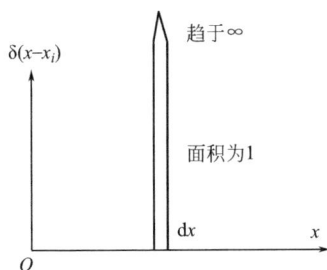

图 4-6 单位脉冲函数

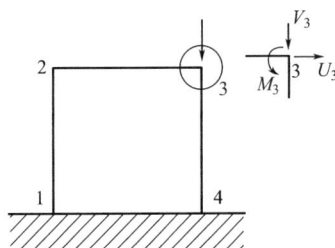

图 4-7 节点受力情况分析

力并且成对出现，而虚位移又相互协调，因此杆端力虚功相互抵消，在式（4-20）中就不会再出现。

将式（4-16）相加，可由杆单元的虚变形功获得杆系的总虚变形功，为

$$\delta W_{\mathrm{d}} = \delta W_{\mathrm{i}} = \sum \int_0^l \left[N \delta \varepsilon + M \delta k \right] \mathrm{d}x \tag{4-21}$$

综上所述，杆系外力总虚功、总虚变形功为各单元对应项相加之和；杆端力在整个杆系内为内力且成对出现，而虚位移又相互协调，因此，杆端力虚功相互抵消即为零。

4.4 杆系最小势能原理的应用

4.4.1 杆单元中的基本物理量

根据最小势能原理，物体的势能为应变能与外力势能之和，对于杆单元和杆系也成立。对于杆系势能的计算，无论是拉压、扭转或者弯曲引起的应变能，都可以根据结构力学中所学的知识进行计算。

参考图 4-8，将杆单元沿局部坐标 x 处切开，对应暴露出来的截面分别有三个位移分量，即就是轴向位移 $\overline{u}$、横向位移 $\overline{v}$ 和转角 $\overline{\theta}$，沿坐标轴正向为正。因此，杆单元在局部坐标系中任意截面的（实）位移列向量，描述形式如下：

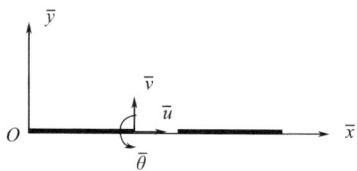

图 4-8 杆系局部坐标系

$$\overline{\boldsymbol{d}} = \begin{pmatrix} \overline{u} & \overline{v} & \overline{\theta} \end{pmatrix}^{\mathrm{T}} = \begin{pmatrix} \overline{u} & \overline{v} & \dfrac{\mathrm{d}\overline{v}}{\mathrm{d}x} \end{pmatrix}^{\mathrm{T}} \tag{4-22}$$

需要注意的是，上述切出的截面对应位移是实位移，而不是虚位移。在最小势能原理中一般不涉及虚位移，所提到的位移一般均是物体受载后对应截面所产生的实位移。

与之对应，局部坐标系下单元杆端位移列向量为实位移向量。取坐标轴正向为正，单元杆端位移列向量可以表示为

$$\overline{\boldsymbol{\delta}}^{\mathrm{e}} = (u_1 \quad v_1 \quad \theta_1 \quad u_2 \quad v_2 \quad \theta_2)^{\mathrm{T}} = (\overline{\boldsymbol{\delta}}_{\overline{1}}{}^{\mathrm{T}} \quad \overline{\boldsymbol{\delta}}_{\overline{2}}{}^{\mathrm{T}})^{\mathrm{T}} \tag{4-23}$$

在局部坐标系下，单元杆端位移向量与杆端力向量存在一一对应，仍采取如式（4-10）所示的形式。

4.4.2 杆单元总势能

杆单元的总势能包括应变能和外力势能两部分。杆单元的应变能反映杆自身由于发生各种变形而在内部积蓄的能量，根据结构力学的知识，一般弯曲变形积蓄的能量最大，轴向变形次之，而剪切变形积蓄的能量相对前两者几乎可以忽略不计。因此，在考虑杆件应变能时，一般只考虑弯曲变形和轴向变形即可，甚至有时可以仅考虑弯曲变形的影响。

如果忽略剪切变形的影响，而只考虑弯曲变形和轴向变形引起的应变能，那么杆单元的应变能可以表示为

$$U^{\mathrm{e}} = \frac{1}{2} \int_0^l EI \left(\frac{\mathrm{d}^2 \overline{v}}{\mathrm{d}x^2} \right)^2 \mathrm{d}x + \frac{1}{2} \int_0^l EA \left(\frac{\mathrm{d}\overline{u}}{\mathrm{d}x} \right)^2 \mathrm{d}x \tag{4-24}$$

由于功能存在转化关系，计算杆单元外力总势能时，最终的表达式构成与式（3-19）类似，即外力总势能由三项组成：第一项为杆上分布荷载引起的外力势能，第二项为集中荷载引起的外力势能，第三项为杆端力所引起的外力势能。

$$V^e = -\left[\int_0^l \boldsymbol{q}^\mathrm{T}\overline{\boldsymbol{d}}\,\mathrm{d}x + \sum_i V_i \overline{v}(x_i)\right] - \overline{\boldsymbol{F}}^{\mathrm{eT}}\overline{\boldsymbol{\delta}}^e \tag{4-25}$$

在此基础上，可以计算出杆单元的总势能，表述为

$$\prod{}^e_\mathrm{P} = V^e + U^e$$

$$= \frac{1}{2}\int_0^l EI\left(\frac{\mathrm{d}^2\overline{v}}{\mathrm{d}x^2}\right)^2\mathrm{d}x + \frac{1}{2}\int_0^l EA\left(\frac{\mathrm{d}\overline{u}}{\mathrm{d}x}\right)^2\mathrm{d}x - \left[\int_0^l \boldsymbol{q}^\mathrm{T}\overline{\boldsymbol{d}}\,\mathrm{d}x + \sum_i V_i\overline{v}(x_i)\right] - \overline{\boldsymbol{F}}^{\mathrm{eT}}\overline{\boldsymbol{\delta}}^e$$

$$\tag{4-26}$$

对某一杆单元而言，一旦求出该单元总势能之后，即可按照最小势能原理，对杆单元总势能求变分，推导出单元刚度方程，计算结果与单元按照虚位移原理（虚功原理）推导获得的结果应完全相同。

4.4.3 杆系总势能

对于一个杆系而言，体系内包括若干个杆件，因此杆系的总势能自然地应为所有杆单元的总势能之和。在数学上通过代数求和，可以获得杆系的总势能。

与杆系计算外力总虚功类似，计算外力总势能时，杆端力作为内力相互抵消，在外力总势能表达式中并不出现。除去作用在杆身上的荷载以外，直接作用在每个节点上的荷载对外力总势能也有一定贡献，也需要进行计算。因此，计算整个杆系的总外力势能时，外力除去考虑杆身荷载以外，还需考虑节点处的荷载，除非视节点为杆身的一部分。以图4-9对应的节点 i 为例，在节点上作用有对应的节点荷载 $(U_i, V_i, M_i)^\mathrm{T}$ ，这部分直接作用在节点上的荷载也会产生外力势能，描述如下：

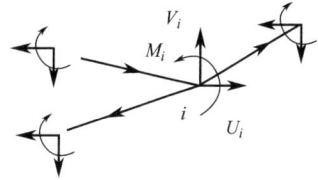

图 4-9　节点受力示意图

$$V_\mathrm{nd} = -\sum_i \boldsymbol{F}^\mathrm{T}_{\mathrm{nd}i}\boldsymbol{\delta}_i \tag{4-27}$$

据此，杆系的总外力势能为

$$\prod{}_\mathrm{P} = \sum U^e + V_\mathrm{nd}$$

$$= \sum\left\{\frac{1}{2}\int_0^l EI\left(\frac{\mathrm{d}^2\overline{v}}{\mathrm{d}x^2}\right)^2\mathrm{d}x + \frac{1}{2}\int_0^l EA\left(\frac{\mathrm{d}\overline{u}}{\mathrm{d}x}\right)^2\mathrm{d}x - \left[\int_0^l \boldsymbol{q}^\mathrm{T}\overline{\boldsymbol{d}}\,\mathrm{d}x + \sum_i V_i\overline{v}(x_i)\right]\right\}$$

$$- \sum_i \boldsymbol{F}^\mathrm{T}_{\mathrm{nd}i}\boldsymbol{\delta}_i$$

$$\tag{4-28}$$

根据上式可以发现，杆系总势能包括两大部分：第一部分为整个杆系的总应变能，第二部分为杆系的总外力势能。杆系的总外力势能又可细分为两部分，一部分对应作用在杆身上的外力，另一部分对应节点上的外力。对于荷载直接作用在节点上的外力，相应的势能计算要加以注重，容易被忽略。除此之外，一如前述，可发现在杆系总势能中不会出现杆端力对应的外力势能。

杆单元的虚功方程和杆单元总势能是杆系分析的理论基础。在此基础上，可以推出杆

系的总势能和虚功方程，然后求得杆系的整体刚度方程。可以证明，按照虚位移原理和最小势能原理推导出来的结果在形式上是完全一样的，只不过分析的角度不同而已。一个是从功的角度，另一个是从能量的角度，然后分别进行推导。不过，杆系的整体刚度方程推导一般并不采取这一思路，而是基于杆单元的刚度方程进行变换集成，相对而言这样更容易处理一些。

4.5 等直杆单元的单元分析

为了不失一般性，下面以等直杆单元为例进行分析处理。因为按照离散化的原则，非等直杆单元通过增加单元数量，总可以化为等直杆单元。杆单元分析是杆系分析的前提。

4.5.1 杆单元刚度方程一般形式

杆单元分析本质上就是建立单元杆端力和杆端位移之间的关系，即建立单元刚度方程，形式如下：

$$\overline{\boldsymbol{k}}^e \overline{\boldsymbol{\delta}}^e = (\overline{\boldsymbol{F}} + \overline{\boldsymbol{F}}_E)^e \tag{4-29}$$

观察上式可以发现，由于节点位移为未知量，杆单元分析重点是求取单元刚度矩阵以及相应的单元等效节点。在杆系整体求解之后，所有的未知量即可得出，然后利用单元位移模式可知任意一点的位移。在此基础上，进一步利用几何方程和物理方程，就可获得对应点的应变和应力。

4.5.2 拉压杆单元

在图 4-10 所示的拉压杆单元中，起点和终点下标分别用 $\overline{1}$、$\overline{2}$ 表示，默认杆端位移和杆端力沿坐标轴正向为正。已知单元长度 l、横截面积 A、材料弹性模量 E 和轴向分布荷载集度 $p(x)$，杆端位移分别为 $\overline{u_{\overline{1}}}$、$\overline{u_{\overline{2}}}$，杆端力分别为 $\overline{F_{\overline{1}}}$、$\overline{F_{\overline{2}}}$。

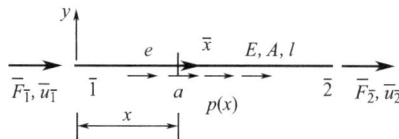

图 4-10 拉压杆单元

1. 建立单元位移模式

相当于建立单元内的位移场（位移的"势力范围"）。在位移场内，任意点的位移均可通过节点的位移按一定插值方法进行描述。对杆单元，任意截面位移可表述为单元节点位移线性代数组合的形式，如下：

$$\overline{u} = a + bx \tag{4-30}$$

令 $\overline{u_{\overline{1}}} = \overline{\delta}_1$、$\overline{u_{\overline{2}}} = \overline{\delta}_2$，自然坐标 $\xi = \dfrac{x}{l}$，将这些边界条件代入上式求解，并整理可得

$$\overline{u} = \left(1 - \frac{x}{l}\right)\overline{\delta}_1 + \frac{x}{l}\overline{\delta}_2 = (1-\xi)\overline{\delta}_1 + \xi\overline{\delta}_2 = (N_1 \quad N_2)\begin{pmatrix}\overline{\delta}_1 \\ \overline{\delta}_2\end{pmatrix} = \boldsymbol{N}\overline{\boldsymbol{\delta}}^e \tag{4-31}$$

式中　　N_1、N_2——形函数；

　　　　$\boldsymbol{N}$——形函数矩阵。

2. 应变分析

由几何方程，轴向应变为

$$\varepsilon = \frac{\mathrm{d}\overline{u}}{\mathrm{d}x} = \frac{\mathrm{d}\boldsymbol{N}}{\mathrm{d}x}\overline{\boldsymbol{\delta}}^{\mathrm{e}} = \left(\frac{\mathrm{d}N_1}{\mathrm{d}x} \quad \frac{\mathrm{d}N_2}{\mathrm{d}x}\right)\overline{\boldsymbol{\delta}}^{\mathrm{e}} = \left(-\frac{1}{l} \quad \frac{1}{l}\right)\overline{\boldsymbol{\delta}}^{\mathrm{e}} = (B_1 \quad B_2)\overline{\boldsymbol{\delta}}^{\mathrm{e}} = \boldsymbol{B}\overline{\boldsymbol{\delta}}^{\mathrm{e}} \quad (4\text{-}32)$$

式中　　$\boldsymbol{B}$——变形（应变）矩阵。

3. 应力分析

由物理方程，轴向应力为

$$\sigma = E\varepsilon = E\boldsymbol{B}\overline{\boldsymbol{\delta}}^{\mathrm{e}} = \boldsymbol{S}\overline{\boldsymbol{\delta}}^{\mathrm{e}} \quad (4\text{-}33)$$

式中　　E——弹性矩阵蜕变；

　　　　$\boldsymbol{S}$——应力矩阵。

4. 计算单元总势能

根据最小势能原理，先计算单元应变能和外力势能，然后对单元总势能进行变分计算。

单元应变能

$$U = \frac{1}{2}\int_0^l \boldsymbol{\sigma}^{\mathrm{T}}\varepsilon A\,\mathrm{d}x = \frac{1}{2}\overline{\boldsymbol{\delta}}^{\mathrm{eT}}\boldsymbol{B}^{\mathrm{T}}EA\boldsymbol{B}\overline{\boldsymbol{\delta}}^{\mathrm{e}}l \quad (4\text{-}34)$$

单元外力势能

$$V_{\mathrm{P}} = -\left[\overline{\boldsymbol{F}}^{\mathrm{eT}}\overline{\boldsymbol{\delta}}^{\mathrm{e}} + \int_0^l p(x)\overline{u}\,\mathrm{d}x\right] = -\left[\overline{\boldsymbol{F}}^{\mathrm{eT}} + \int_0^l p(x)\boldsymbol{N}\,\mathrm{d}x\right]\overline{\boldsymbol{\delta}}^{\mathrm{e}} \quad (4\text{-}35)$$

单元总势能

$$\prod_{\mathrm{P}} = U + V_{\mathrm{P}} = \frac{1}{2}\overline{\boldsymbol{\delta}}^{\mathrm{eT}}\left(\int_0^l \boldsymbol{B}^{\mathrm{T}}EA\boldsymbol{B}\,\mathrm{d}x\right)\overline{\boldsymbol{\delta}}^{\mathrm{e}} - \left(\overline{\boldsymbol{F}}^{\mathrm{eT}} + \int_0^l p(x)\boldsymbol{N}\,\mathrm{d}x\right)\overline{\boldsymbol{\delta}}^{\mathrm{e}}$$

$$= \frac{1}{2}\overline{\boldsymbol{\delta}}^{\mathrm{eT}}\overline{\boldsymbol{k}}^{\mathrm{e}}\overline{\boldsymbol{\delta}}^{\mathrm{e}} - (\overline{\boldsymbol{F}}^{\mathrm{e}} + \overline{\boldsymbol{F}}_{\mathrm{E}}^{\mathrm{e}})^{\mathrm{T}}\overline{\boldsymbol{\delta}}^{\mathrm{e}} \quad (4\text{-}36)$$

式中　　$\overline{\boldsymbol{k}}^{\mathrm{e}} = \int_0^l \boldsymbol{B}^{\mathrm{T}}EA\boldsymbol{B}\,\mathrm{d}x$；

　　　　$\overline{\boldsymbol{F}}_{\mathrm{E}}^{\mathrm{e}} = \int_0^l p(x)\boldsymbol{N}^{\mathrm{T}}\,\mathrm{d}x$；

单元刚度方程：$(\overline{\boldsymbol{F}}^{\mathrm{e}} + \overline{\boldsymbol{F}}_{\mathrm{E}}^{\mathrm{e}}) = \overline{\boldsymbol{k}}^{\mathrm{e}}\overline{\boldsymbol{\delta}}^{\mathrm{e}}$ 对势能取变分。

5. 结论

通过对式（4-36）求变分，可推导出轴向拉压杆单元的刚度方程，形式如下：

$$(\overline{\boldsymbol{F}}^{\mathrm{e}} + \overline{\boldsymbol{F}}_{\mathrm{E}}^{\mathrm{e}}) = \overline{\boldsymbol{k}}^{\mathrm{e}}\overline{\boldsymbol{\delta}}^{\mathrm{e}} \quad (4\text{-}37)$$

上式中单元刚度矩阵为

$$\overline{\boldsymbol{k}}^{\mathrm{e}} = \int_0^l \boldsymbol{B}^{\mathrm{T}}EA\boldsymbol{B}\,\mathrm{d}x = \frac{EA}{l}\begin{bmatrix} 1 & -1 \\ -1 & 1 \end{bmatrix} \quad (4\text{-}38)$$

单元等效节点荷载为

$$\overline{\boldsymbol{F}}_{\mathrm{E}}^{\mathrm{e}} = \int_0^l p(x)\boldsymbol{N}^{\mathrm{T}}\,\mathrm{d}x \quad (4\text{-}39)$$

4.5.3　扭转杆单元

在图 4-11 所示的扭转杆单元中，起点和终点下标分别用 $\overline{1}$、$\overline{2}$ 表示，默认杆端位移和杆端力沿坐标轴正向为正。已知单元长度 l、横截面积及惯性矩 I_{p}、材料剪切模量 G 和

轴向分布扭矩集度 $m(x)$，杆端扭转角分别为 $\overline{\theta}_{\overline{1}}$、$\overline{\theta}_{\overline{2}}$，杆端扭矩分别为 $\overline{M}_{\overline{1}}$、$\overline{M}_{\overline{2}}$。

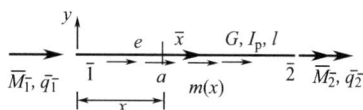

图 4-11　扭转杆单元

1. 建立单元位移模式

实质是建立单元内任意点的位移插值方法（模式），一般可表述为单元节点位移代数组合的形式。对杆单元，利用边界条件参照式（4-40）进行类似计算，任一截面扭转角可表述为

$$\overline{\theta}=\left(1-\frac{x}{l}\right)\overline{\theta}_{\overline{1}}+\frac{x}{l}\overline{\theta}_{\overline{2}}=(1-\xi)\overline{\delta}_{1}+\xi\overline{\delta}_{2}=(N_1\quad N_2)\binom{\overline{\delta}_1}{\overline{\delta}_2}=\boldsymbol{N}\overline{\boldsymbol{\delta}}^{\,\mathrm{e}} \tag{4-40}$$

式中　N_1、N_2——形函数；

　　　$\boldsymbol{N}$——形函数矩阵。

2. 计算单元势能

任意截面扭矩为

$$M_x=GI_\mathrm{P}\frac{\mathrm{d}\overline{\theta}}{\mathrm{d}x}=GI_\mathrm{P}\frac{\mathrm{d}\boldsymbol{N}}{\mathrm{d}x}\overline{\boldsymbol{\delta}}^{\,\mathrm{e}}=GI_\mathrm{p}\boldsymbol{B}\overline{\boldsymbol{\delta}}^{\,\mathrm{e}} \tag{4-41}$$

杆单元总势能为

$$\begin{aligned}\prod{}_\mathrm{P}&=\frac{1}{2}\int_0^l\left(M_x\frac{\mathrm{d}\overline{\theta}}{\mathrm{d}x}\right)\mathrm{d}x-\overline{\boldsymbol{F}}^{\,\mathrm{eT}}\overline{\boldsymbol{\delta}}^{\,\mathrm{e}}-\int_0^l m(x)\overline{\theta}\,\mathrm{d}x\\&=\frac{1}{2}\overline{\boldsymbol{\delta}}^{\,\mathrm{eT}}\overline{\boldsymbol{k}}^{\,\mathrm{e}}\overline{\boldsymbol{\delta}}^{\,\mathrm{e}}-(\overline{\boldsymbol{F}}^{\,\mathrm{e}}+\overline{\boldsymbol{F}}^{\,\mathrm{e}}_\mathrm{E})^\mathrm{T}\overline{\boldsymbol{\delta}}^{\,\mathrm{e}}\end{aligned} \tag{4-42}$$

式中　$\overline{\boldsymbol{k}}^{\,\mathrm{e}}=\displaystyle\int_0^l\boldsymbol{B}^\mathrm{T}GI_\mathrm{p}\boldsymbol{B}\,\mathrm{d}x$；

　　　$\overline{\boldsymbol{F}}^{\,\mathrm{e}}_\mathrm{E}=\displaystyle\int_0^l m(x)\boldsymbol{N}^\mathrm{T}\mathrm{d}x$；

　　　$\overline{\boldsymbol{F}}^{\,\mathrm{e}}=(\overline{M}_{\overline{1}}\quad\overline{M}_{\overline{2}})^\mathrm{T}$。

3. 结论

对势能取变分，可得扭转杆单元刚度方程为

$$(\overline{\boldsymbol{F}}^{\,\mathrm{e}}+\overline{\boldsymbol{F}}^{\,\mathrm{e}}_\mathrm{E})=\overline{\boldsymbol{k}}^{\,\mathrm{e}}\overline{\boldsymbol{\delta}}^{\,\mathrm{e}} \tag{4-43}$$

上式中单元刚度矩阵为

$$\overline{\boldsymbol{k}}^{\,\mathrm{e}}=\int_0^l\boldsymbol{B}^\mathrm{T}GI_\mathrm{p}\boldsymbol{B}\,\mathrm{d}x=\frac{GI_\mathrm{p}}{l}\begin{bmatrix}1&-1\\-1&1\end{bmatrix} \tag{4-44}$$

单元等效节点荷载为

$$\overline{\boldsymbol{F}}^{\,\mathrm{e}}_\mathrm{E}=\int_0^l m(x)\boldsymbol{N}^\mathrm{T}\mathrm{d}x \tag{4-45}$$

可以发现，拉压杆单元与扭转杆单元在单元刚度方程表示形式上完全一致，只是在单元刚度矩阵元素和单元等效节点荷载构成上略有差别。

4.5.4 弯曲杆单元

在图 4-12 所示的弯曲杆单元中，起点和终点下标分别用 $\overline{1}$、$\overline{2}$ 表示，默认杆端位移和杆端力沿坐标轴正向为正。已知单元长度 l、截面抗弯刚度 EI 和轴向分布力偶集度 $m(x)$，杆端广义位移分别为 $\overline{\delta}_1$、$\overline{\delta}_2$、$\overline{\delta}_3$、$\overline{\delta}_4$，杆端力分别为 $\overline{F}_1$、$\overline{F}_2$、$\overline{F}_3$、$\overline{F}_4$。

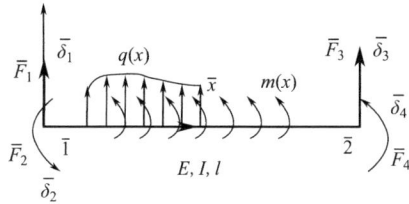

图 4-12　弯曲杆单元

1. 建立单元位移模式

由于任一截面的挠度和转角均可用横向位移及其一阶导数表示，所以只需构建横向位移的位移模式即可。对杆单元，任意截面横向位移为

$$\overline{v} = a + bx + cx^2 + dx^3 \tag{4-46}$$

利用边界条件，4 个已知杆端位移确定 4 个广义坐标，代入上式并整理，有

$$\overline{v} = \begin{pmatrix} 1 & x & x^2 & x^3 \end{pmatrix} \begin{pmatrix} 1 & 0 & 0 & 0 \\ 0 & 1 & 0 & 0 \\ -\dfrac{3}{l^2} & -\dfrac{2}{l} & \dfrac{3}{l^2} & -\dfrac{1}{l} \\ \dfrac{2}{l^3} & \dfrac{1}{l^2} & -\dfrac{2}{l^3} & \dfrac{1}{l^2} \end{pmatrix} \begin{pmatrix} \overline{\delta}_1 \\ \overline{\delta}_2 \\ \overline{\delta}_3 \\ \overline{\delta}_4 \end{pmatrix} \tag{4-47}$$

$$= \begin{pmatrix} N_1 & N_2 & N_3 & N_4 \end{pmatrix} \overline{\boldsymbol{\delta}}^{\mathrm{e}} = \boldsymbol{N} \overline{\boldsymbol{\delta}}^{\mathrm{e}}$$

式中　$N_1 = 1 - \dfrac{3x^2}{l^2} + \dfrac{2x^3}{l^3}$；

$\qquad N_2 = x \left(1 - 2\dfrac{x}{l} + \dfrac{x^2}{l^2} \right)$；

$\qquad N_3 = \dfrac{3x^2}{l^2} - \dfrac{2x^3}{l^3}$；

$\qquad N_4 = -\dfrac{x^2}{l} + \dfrac{x^3}{l^2}$；

$\qquad N_1$、N_2、N_3、N_4——形函数；

$\qquad\qquad \boldsymbol{N}$——形函数矩阵。

2. 计算单元总势能

杆变形曲率

$$k = \frac{\mathrm{d}^2 \overline{v}}{\mathrm{d}x^2} = \frac{\mathrm{d}^2 \boldsymbol{N}}{\mathrm{d}x^2} \overline{\boldsymbol{\delta}}^{\mathrm{e}} = \boldsymbol{B} \overline{\boldsymbol{\delta}}^{\mathrm{e}} \tag{4-48}$$

杆中截面弯矩

$$M = EIk = EI\boldsymbol{B}\overline{\boldsymbol{\delta}}^{\mathrm{e}} = \overline{\boldsymbol{\delta}}^{\mathrm{e\,T}} \boldsymbol{B}^{\mathrm{T}} EI \tag{4-49}$$

式中

$$B = \frac{\mathrm{d}^2 \mathbf{N}}{\mathrm{d}x^2} = \frac{1}{l^2}\begin{bmatrix} -6+12\xi & l(-4+6\xi) & 6-12\xi & l(-2+6\xi) \end{bmatrix} \qquad (4\text{-}50)$$

单元总势能

$$\prod_{\mathrm{P}} = \frac{1}{2}\int_0^l Mk\,\mathrm{d}x - \left[\int_0^l q(x)\mathbf{N}\mathrm{d}x + \int_0^l m(x)\frac{\mathrm{d}\mathbf{N}}{\mathrm{d}x}\mathrm{d}x + \overline{\mathbf{F}}^{\mathrm{eT}}\right]\overline{\boldsymbol{\delta}}^{\mathrm{e}}$$

$$= \frac{1}{2}\overline{\boldsymbol{\delta}}^{\mathrm{eT}}\int_0^l \mathbf{B}^{\mathrm{T}}EI\mathbf{B}\mathrm{d}x\,\overline{\boldsymbol{\delta}}^{\mathrm{e}} - \left[\int_0^l q(x)\mathbf{N}\mathrm{d}x + \int_0^l m(x)\frac{\mathrm{d}\mathbf{N}}{\mathrm{d}x}\mathrm{d}x + \overline{\mathbf{F}}^{\mathrm{eT}}\right]\overline{\boldsymbol{\delta}}^{\mathrm{e}} \qquad (4\text{-}51)$$

3. 结论

对势能取变分，可得弯曲杆单元刚度方程为

$$(\overline{\mathbf{F}}^{\mathrm{e}} + \overline{\mathbf{F}}_{\mathrm{E}}^{\mathrm{e}}) = \overline{\mathbf{k}}^{\mathrm{e}}\overline{\boldsymbol{\delta}}^{\mathrm{e}} \qquad (4\text{-}52)$$

单元刚度矩阵

$$\overline{\mathbf{k}}^{\mathrm{e}} = \int_0^l \mathbf{B}^{\mathrm{T}}EI\mathbf{B}\mathrm{d}x = \frac{EI}{l^3}\begin{bmatrix} 12 & & & \\ 6l & 4l^2 & & \\ -12 & -6l & 12 & \\ 6l & 2l^2 & -6l & 4l^2 \end{bmatrix} \qquad (4\text{-}53)$$

单元等效节点荷载

$$\overline{\mathbf{F}}_{\mathrm{E}}^{\mathrm{e}} = \int_0^l q(x)\mathbf{N}^{\mathrm{T}}\mathrm{d}x + \int_0^l m(x)\left(\frac{\mathrm{d}\mathbf{N}}{\mathrm{d}x}\right)^{\mathrm{T}}\mathrm{d}x \qquad (4\text{-}54)$$

4.5.5 考虑轴向变形的弯曲杆单元

考虑轴向变形的弯曲杆单元也称平面自由式杆单元。这里的"自由"是指杆在平面内的主要变形（包括弯曲变形和轴向变形）都可发生，没有受到约束。尽管没有考虑剪切变形，但也并不是通过约束限制了该种变形，而是剪切变形相对其他两种变形数值太小，以致可以忽略。

对于图 4-13 所示的平面自由式杆单元，有两种分析方法：一种方法是沿袭弯曲杆单元的思路进行分析，以推导单元刚度方程。二者的区别仅在于平面自由式杆单元计算外力势能时要引入轴力对应的外力势能，同时应变能要考虑轴向变形引起的应变能。另一种方法是按照变形的独立性原理，进行线性叠加即可。为便于理解，下面采用后一种方法进行讲述。

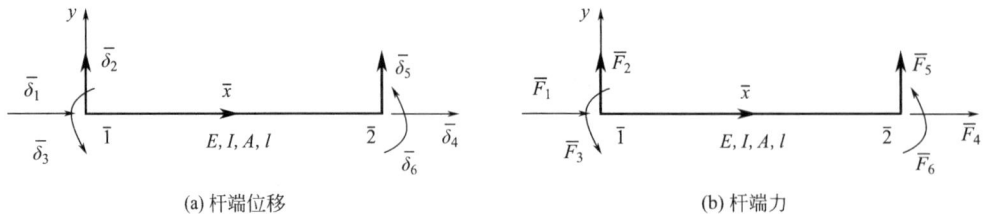

(a) 杆端位移　　　　　　　　　　　　　　　(b) 杆端力

图 4-13　单元杆端位移和杆端力

由于轴向变形和弯曲变形相互独立，外力势能和应变能不可能耦合，所以可以分开计算其单元矩阵和等效节点荷载。

局部坐标系下，单元杆端位移为

$$\bar{\boldsymbol{\delta}}^{\mathrm{e}} = (\bar{\delta}_1 \quad \bar{\delta}_2 \quad \bar{\delta}_3 \quad \bar{\delta}_4 \quad \bar{\delta}_5 \quad \bar{\delta}_6)^{\mathrm{T}} \tag{4-55}$$

单元杆端力为

$$\bar{\boldsymbol{F}}^{\mathrm{e}} = (\bar{F}_1 \quad \bar{F}_2 \quad \bar{F}_3 \quad \bar{F}_4 \quad \bar{F}_5 \quad \bar{F}_6)^{\mathrm{T}} \tag{4-56}$$

单元刚度方程可以表述为

$$(\bar{\boldsymbol{F}}^{\mathrm{e}} + \bar{\boldsymbol{F}}_{\mathrm{E}}^{\mathrm{e}}) = \bar{\boldsymbol{k}}^{\mathrm{e}} \bar{\boldsymbol{\delta}}^{\mathrm{e}} \tag{4-57}$$

式中单元刚度矩阵

$$\bar{\boldsymbol{k}}^{\mathrm{e}} = \begin{bmatrix} \dfrac{EA}{l} & 0 & 0 & -\dfrac{EA}{l} & 0 & 0 \\ & \dfrac{12EI}{l^3} & \dfrac{6EI}{l^2} & 0 & -\dfrac{12EI}{l^3} & \dfrac{6E}{l^2} \\ & & \dfrac{4EI}{l} & 0 & -\dfrac{6EI}{l^2} & \dfrac{2E}{l} \\ & & & \dfrac{EA}{l} & 0 & 0 \\ & & & & \dfrac{12EI}{l^3} & -\dfrac{6EI}{l^2} \\ & & & & & \dfrac{4EI}{l} \end{bmatrix} \tag{4-58}$$

单元等效节点荷载

$$\bar{\boldsymbol{F}}_{\mathrm{E}}^{\mathrm{e}} = (\bar{F}_{\mathrm{E}1}^u \quad \bar{F}_{\mathrm{E}1}^v \quad \bar{F}_{\mathrm{E}2}^v \quad \bar{F}_{\mathrm{E}2}^u \quad \bar{F}_{\mathrm{E}3}^v \quad \bar{F}_{\mathrm{E}4}^v)^{\mathrm{T}} \tag{4-59}$$

式中 $\bar{F}_{\mathrm{E}i}^u$ ——拉压杆单元等效节点荷载分量；

        $\bar{F}_{\mathrm{E}i}^v$ ——不计轴向变形弯曲单元等效节点荷载分量。

可以发现，平面自由式杆单元的刚度矩阵元素分别来自拉压杆单元的刚度矩阵或不考虑轴向变形弯曲杆单元的刚度矩阵；等效节点荷载分量可以根据拉压杆单元或不考虑轴向变形弯曲杆单元所求等效节点荷载的分量确定。

4.6 杆单元分析中约束条件的处理

如果杆单元中约束条件发生变化，将会引起单元刚度矩阵的降阶或者单元自由度的缩聚。约束条件会使变形之间发生一定程度的关联，导致相应的自由度不再独立，继而可以用其他自由度进行表示，因此相应单元的节点位移未知量就会减少。在此基础上，独立单元刚度方程的个数自然也就减少了。

4.6.1 一端固接一端铰接杆单元约束条件的处理

假设杆单元一端固接，另一端可以铰接或固接。对于两端固接的情况，在杆端附近将杆切开，对应截面上存在着轴力、剪力和弯矩，不存在自由度减少的情况，可按前述方法进行处理。一般而言，如果约束条件减少，对应的独立杆端位移数量就会减少，相应的单元刚度矩阵阶数也会降低。

为不失一般性，假设图 4-14 中杆单元左端刚接、右端铰接，在此基础上进行单元约束条件处理。

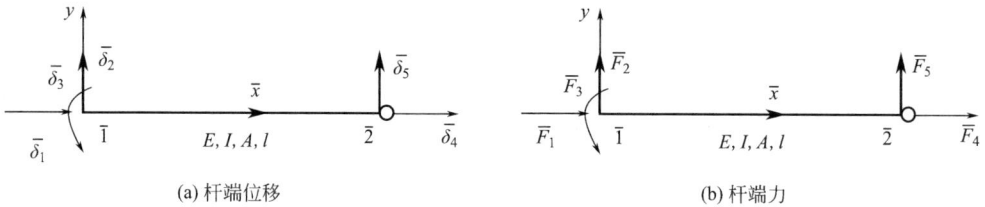

(a) 杆端位移 　　　　　　　　　　　　　　(b) 杆端力

图 4-14　一端刚接一端铰接单元

根据结构力学知识，杆右端无法抵抗弯矩存在，即右端可以自由转动，无法传递弯矩。与节点 $\overline{1}$ 相比，节点 $\overline{2}$ 附近截面也存在轴力和剪力，但对应的弯矩 M_2 为零，而在节点 $\overline{1}$ 处存在 M_1 不为零。在式（4-57）中选取弯矩 M_2 对应的线性代数方程，令弯矩 M_2 取值为零，改写可以发现：尽管节点 $\overline{2}$ 对应的转角不为零，但是相应的转角可以表示为其他广义位移的代数组合，即用其他广义位移表示。这样在最终的单元刚度方程中，就可以不考虑节点 $\overline{2}$ 对应的转角这一自由度。

寻其原因，在于根据平面自由式杆单元的刚度方程，其中第六个方程实际上表述的是节点 $\overline{2}$ 上弯矩 M_2 与各个广义位移之间的函数关系，$\overline{M}_2 = (u_1、v_1、\theta_1，u_2、v_2、\theta_2)$。对其略加变化，令弯矩 M_2 取值为零，就可以将 θ_2 表示为其他五个广义位移分量的线性组合，即表述为 $\overline{\theta}_2 = f(\overline{u}_1、\overline{v}_1、\overline{\theta}_1、\overline{u}_2、\overline{v}_2)$。

如果采用平面自由式杆单元刚度方程的结果，右端铰接就是广义力（弯矩）$\overline{F}_6 = 0$，对应的广义位移（转角）$\overline{\delta}_6$ 将不再独立，可以用其他广义位移的代数组合表示。

综上所述，对于图 4-14 中左端刚接、右端铰接的杆单元，其刚度矩阵为

$$\overline{\boldsymbol{k}}^{\mathrm{e}} = \begin{bmatrix} \dfrac{EA}{l} & 0 & 0 & -\dfrac{EA}{l} & 0 \\[2mm] & \dfrac{3EI}{l^3} & \dfrac{3EI}{l^2} & 0 & -\dfrac{3E}{l^3} \\[2mm] & & \dfrac{3EI}{l} & 0 & -\dfrac{3EI}{l^2} \\[2mm] & & & \dfrac{EA}{l} & 0 \\[2mm] & & & & \dfrac{3E}{l^3} \end{bmatrix} \tag{4-60}$$

在这种情况下，该杆单元只有 5 个自由度，矩阵阶数也由 6×6 降为 5×5。相应的等效节点荷载为

$$\overline{F}_{\mathrm{E}i} = \overline{F}_{\mathrm{E}i}^6 - \overline{k}_{i6} \times \overline{F}_{\mathrm{E}6}^6 / \overline{k}_{66} \tag{4-61}$$

式（4-61）中右端含脚标 6 的各个标量分别为平面自由式单元对应的等效节点荷载分量和刚度矩阵元素。

因此，对于杆单元进行约束条件处理，可以先参照平面自由式杆单元进行分析，然后引入约束条件进行降维处理。

4.6.2 一般性约束处理方法

从上面分析可以发现，对于存在约束的杆单元进行分析时，可以先不考虑约束条件，在求得单元刚度方程之后，最后再考虑约束条件的影响。下面以图 4-15 中杆件约束进行说明。

在图 4-15 所示杆单元⑥中，左端为固接，右端为铰接，可按照前述思路进行处理。假设局部坐标系下，该杆单元刚度方程为

$$\begin{bmatrix} \boldsymbol{K}_0 & \boldsymbol{K}_{0c} \\ \boldsymbol{K}_{c0} & \boldsymbol{K}_{cc} \end{bmatrix}^{e} \left\{ \begin{matrix} \overline{\boldsymbol{\delta}}_0 \\ \overline{\boldsymbol{\delta}}_c \end{matrix} \right\}^{e} = \left\{ \begin{matrix} \boldsymbol{P}_0 \\ \boldsymbol{P}_c \end{matrix} \right\} \tag{4-62}$$

式中　$\overline{\boldsymbol{\delta}}_c$——单元中需要凝聚的自由度；

　　　$\overline{\boldsymbol{\delta}}_0$——单元中需要保留，也即参加系统总体集成的自由度。

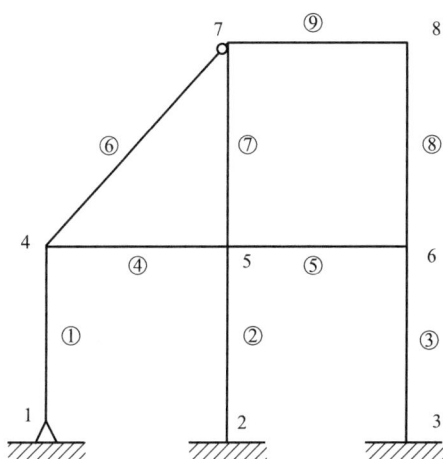

图 4-15　有铰接点的杆件系统

在式(4-62)中，单元刚度矩阵和节点荷载列阵均表示成分块矩阵的形式，可以对第 2 式进行矩阵变换，得

$$\overline{\boldsymbol{\delta}}_c = \boldsymbol{K}_{cc}^{-1} (\boldsymbol{P}_c - \boldsymbol{K}_{c0} \overline{\boldsymbol{\delta}}_0) \tag{4-63}$$

将其代入第 1 式，形成自由度缩聚或者凝聚后的单元刚度方程：

$$\boldsymbol{K}^* \overline{\boldsymbol{\delta}}_0 = \boldsymbol{P}_0^* \tag{4-64}$$

式中　$\boldsymbol{K}^* = \boldsymbol{K}_0 - \boldsymbol{K}_{0c} \boldsymbol{K}_{cc}^{-1} \boldsymbol{K}_{c0}$；

　　　$\boldsymbol{P}_0^* = \boldsymbol{P}_0 - \boldsymbol{K}_{0c} \boldsymbol{K}_{cc}^{-1} \boldsymbol{P}_c$。

通过上述分析过程可以发现，如果杆单元中全部的自由度都独立的话，刚度矩阵是满秩的，一旦某个自由度因约束条件的影响变得不再独立，该自由度就可以用其他自由度进行表示。在此基础上，就要对相应的单元刚度矩阵进行降维处理。

上述的方法虽然以杆单元为例进行说明的，但对于整个杆系而言，也可以进行类似的处理。这样就可以在最初杆单元分析时，不考虑约束条件影响，直至获得杆系整体刚度方程之后再进行相应约束条件的处理。

习　　题

1. 什么是杆构件？

2. 杆和梁有何区别？

3. 杆单元是一维单元吗？

4. 杆系结构进行有限元分析的一般步骤是什么？

5. 杆系结构离散化的基本原则是什么？

6. 杆系结构离散化相对于一般结构有什么优点？

7. 请说出杆系结构中局部编码和整体编码的区别。

8. 节点的局部位移与整体位移有何区别？

9. 在对杆系结构用虚功（虚位移）原理分析时，任意截面假想为一点，该截面的位移为虚位移，也就是假想的虚位移，那么在杆单元内部存在内力吗？

10. 在进行杆系结构有限元分析时，节点荷载有两种，一种来源于杆身上的等效节点荷载，另一种节点荷载的情形是什么？

11. 在对杆系应用最小势能原理时，涉及虚位移吗？

12. 杆单元总势能包括哪两部分？

13. 杆单元分析的目的是什么？

14. 拉压杆单元和扭转杆单元单元刚度方程非常类似，请说明在拉压杆单元中，单元刚度方程 EA 相当于扭转杆单元中哪个参数？

15. 在对杆单元求等效节点荷载时，涉及形函数矩阵，请说明形函数矩阵有什么性质？

16. 约束条件对杆单元的单元刚度矩阵有何影响？

17. 什么是杆系结构自由度的缩聚或凝聚？

18. 如图 4-16 所示，对下列杆系结构分别进行离散化处理。

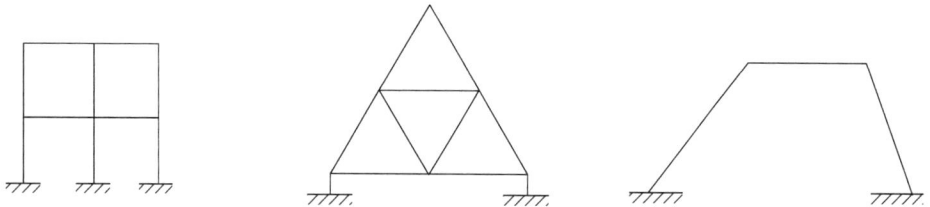

图 4-16　习题 18

19. 对图 4-17 的圆环结构进行离散化处理。

20. 图 4-18 所示为鱼腹式梁，请说明如何对其进行离散化处理。

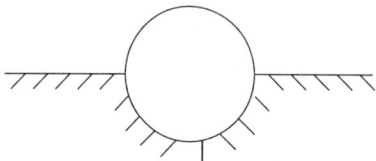 

图 4-17　习题 19　　　　　　　　图 4-18　习题 20

第5章 杆系结构整体分析

5.1 概 述

在上一章中主要讲述了结合杆单元的受力和约束条件，如何对单个构件逐一进行力学分析。然而，最终总是需要将分析推进到整个杆系这一层次。归根结底，杆系结构的分析过程就是由杆单元个体分析的低级层次，逐步过渡到杆系结构整体分析这一高级层次上。在这一过渡的过程中，需要用到的数学知识涉及坐标变换、向量变换和矩阵变换等方面的内容，而这些内容都建立在线性空间基变化的基础上。因此，下面从线性空间基的知识点切入进行展开。

5.1.1 线性空间基

在线性空间中，基是一组向量，能够通过线性组合表示空间中的每一个向量，并且这组向量之间是线性无关的。以图 5-1 为例，三维线性空间分别建有两套坐标系，分别是局部坐标系 $\overline{x}\,\overline{y}\,\overline{z}$ 和整体坐标系 xyz，$\boldsymbol{e}_1$、$\boldsymbol{e}_2$、$\boldsymbol{e}_3$ 和 $\overline{\boldsymbol{e}}_1$、$\overline{\boldsymbol{e}}_2$、$\overline{\boldsymbol{e}}_3$ 分别表示沿整体坐标系或局部坐标系坐标轴上的单位向量，那么 $\boldsymbol{e}_1$、$\boldsymbol{e}_2$、$\boldsymbol{e}_3$ 和 $\overline{\boldsymbol{e}}_1$、$\overline{\boldsymbol{e}}_2$、$\overline{\boldsymbol{e}}_3$ 就分别是对应着整体坐标系或局部坐标系的一组线性空间基。这两组空间基可以按照式（5-1）或式（5-2）进行空间基变换。

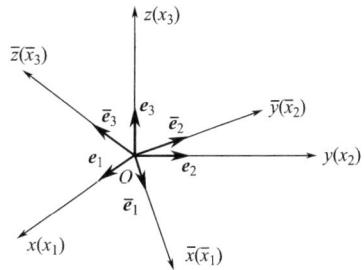

图 5-1 两坐标系及单位矢量示意

$$\left\{\begin{matrix} \boldsymbol{e}_1 \\ \boldsymbol{e}_2 \\ \boldsymbol{e}_3 \end{matrix}\right\} = \begin{bmatrix} l_{x\overline{x}} & l_{x\overline{y}} & l_{x\overline{z}} \\ l_{y\overline{x}} & l_{y\overline{y}} & l_{y\overline{z}} \\ l_{z\overline{x}} & l_{z\overline{y}} & l_{z\overline{z}} \end{bmatrix} \left\{\begin{matrix} \overline{\boldsymbol{e}}_1 \\ \overline{\boldsymbol{e}}_2 \\ \overline{\boldsymbol{e}}_3 \end{matrix}\right\} = \boldsymbol{\lambda}^{\mathrm{T}} \left\{\begin{matrix} \overline{\boldsymbol{e}}_1 \\ \overline{\boldsymbol{e}}_2 \\ \overline{\boldsymbol{e}}_3 \end{matrix}\right\} \tag{5-1}$$

$$\left\{\begin{matrix} \overline{\boldsymbol{e}}_1 \\ \overline{\boldsymbol{e}}_2 \\ \overline{\boldsymbol{e}}_3 \end{matrix}\right\} = \begin{bmatrix} l_{\overline{x}x} & l_{\overline{x}y} & l_{\overline{x}z} \\ l_{\overline{y}x} & l_{\overline{y}y} & l_{\overline{y}z} \\ l_{\overline{z}x} & l_{\overline{z}y} & l_{\overline{z}z} \end{bmatrix} \left\{\begin{matrix} \boldsymbol{e}_1 \\ \boldsymbol{e}_2 \\ \boldsymbol{e}_3 \end{matrix}\right\} = \boldsymbol{\lambda} \left\{\begin{matrix} \boldsymbol{e}_1 \\ \boldsymbol{e}_2 \\ \boldsymbol{e}_3 \end{matrix}\right\} \tag{5-2}$$

在空间基变换公式中，变换矩阵中的元素 l 为方向余弦。在解析几何里，一个向量的三个方向余弦分别是这个向量与三个坐标轴之间夹角的余弦；两个向量之间的方向余弦指的是这两个向量之间夹角的余弦。以矩阵元素 $l_{x\overline{y}}$ 为例，它表示整体坐标系中 x 轴和局部坐标系中 $\overline{y}$ 轴夹角的余弦即 $\cos x\overline{y}$。

由此可知，基变换矩阵是由两组不同标准正交基中基向量之间的方向余弦所形成的矩阵，即方向余弦矩阵。方向余弦矩阵可以用来表达一组标准正交基与另一组标准正交基之间的变换关系。根据方向余弦定义，不难推出基变换矩阵为正交矩阵，即满足

$$\boldsymbol{\lambda}^{-1} = \boldsymbol{\lambda}^{\mathrm{T}} \tag{5-3}$$

在此基础上，任意向量可以将其分别用两组不同的线性空间基进行数学描述，如下

$$\boldsymbol{a} = \sum_{i=1}^{3} \overline{a}_i \overline{\boldsymbol{e}}_i = \sum_{i=1}^{3} a_i \boldsymbol{e}_i \tag{5-4}$$

$$b = \sum_{i=1}^{3} \overline{b}_i \overline{e}_i = \sum_{i=1}^{3} b_i e_i \tag{5-5}$$

5.1.2 坐标变换

将式（5-4）引入坐标并展开，有

$$a = (a_1 \quad a_2 \quad a_3)(e_1 \quad e_2 \quad e_3)^{\mathrm{T}} = (\overline{a}_1 \quad \overline{a}_2 \quad \overline{a}_3)(\overline{e}_1 \quad \overline{e}_2 \quad \overline{e}_3)^{\mathrm{T}} \tag{5-6}$$
$$= (\overline{a}_1 \quad \overline{a}_2 \quad \overline{a}_3)\boldsymbol{\lambda}(e_1 \quad e_2 \quad e_3)^{\mathrm{T}}$$

由此可得

$$a = (a_1 \quad a_2 \quad a_3)^{\mathrm{T}} = \boldsymbol{\lambda}^{\mathrm{T}}\overline{a} = \boldsymbol{\lambda}^{\mathrm{T}}(\overline{a}_1 \quad \overline{a}_2 \quad \overline{a}_3)^{\mathrm{T}} \tag{5-7}$$

根据上式，对任意一个向量可以用整体坐标系下的一组坐标进行描述，也可以用局部坐标系下的一组坐标进行描述。尽管两组坐标的数值不同，但表示的均是同一个向量，也就是向量的幅值及方位是确定的、唯一的。换句话说，也就是利用线性空间基变换的基本知识，可以实现任意向量在整体坐标系与局部坐标系下相互变换。这一结论是非常重要的，有助于后续将节点位移向量或者节点荷载向量在整体坐标系下和局部坐标系下进行向量变换。

类似地，将式（5-5）引入坐标展开，有

$$b = (b_1 \quad b_2 \quad b_3)^{\mathrm{T}} = \boldsymbol{\lambda}^{\mathrm{T}}\overline{b} = \boldsymbol{\lambda}^{\mathrm{T}}(\overline{b}_1 \quad \overline{b}_2 \quad \overline{b}_3)^{\mathrm{T}} \tag{5-8}$$

综合式（5-7）和式（5-8），有

$$\begin{pmatrix} a \\ b \end{pmatrix} = \begin{pmatrix} \boldsymbol{\lambda}^{\mathrm{T}} & 0 \\ 0 & \boldsymbol{\lambda}^{\mathrm{T}} \end{pmatrix} \begin{pmatrix} \overline{a} \\ \overline{b} \end{pmatrix} \tag{5-9}$$

5.2 坐标变换及其应用

参考式（5-9），可知 $\overline{a}$、$\overline{b}$ 是整体坐标系下向量 a 和向量 b 在局部坐标系下的匹配向量。由于变化式并未对向量作出限制，可知杆端位移和杆端力也可据此在整体坐标系和局部坐标系中进行坐标变换。对于杆端位移，无论在局部坐标系下还是在整体坐标系下，都可以将其视为起点子位移向量和终点子位移向量的组合，因此满足下式要求：

$$\overline{\boldsymbol{\delta}}^{\,\mathrm{e}} = \boldsymbol{T}\boldsymbol{\delta}^{\mathrm{e}} = \begin{pmatrix} \boldsymbol{\lambda} & 0 \\ 0 & \boldsymbol{\lambda} \end{pmatrix}\boldsymbol{\delta}^{\mathrm{e}} \tag{5-10}$$

$$\boldsymbol{\delta}^{\mathrm{e}} = \boldsymbol{T}^{\mathrm{T}}\overline{\boldsymbol{\delta}}^{\,\mathrm{e}} \tag{5-11}$$

$$\boldsymbol{T}^{-1} = \boldsymbol{T}^{\mathrm{T}} \tag{5-12}$$

$$\boldsymbol{T} = \begin{pmatrix} \boldsymbol{\lambda} & 0 \\ 0 & \boldsymbol{\lambda} \end{pmatrix} \tag{5-13}$$

由于矢量代换的一般性，对单元杆端力和等效节点荷载等均存在类似变换关系。在上述变化关系中，局部坐标系下的物理量一般加上画线，以便与整体坐标下对应的物理量加以区分。至于变换矩阵，与杆的自由度有关，不一定是方阵。

5.2.1 节点位移及其变换应用

在图 5-2 中，节点 $\overline{1}$ 是某一杆单元的起点，在局部坐标系下对应的节点位移分量有三个，分别用 $\overline{u}$、$\overline{v}$ 和 $\overline{\theta}$ 表示；在整体坐标系下，与之对应的位移分量也为三个，分别用 u、

v 和 θ 表示。观察可以发现，由于局部坐标系和整体坐标系中坐标轴并不完全重合，仅坐标轴 z 和 $\bar{z}$ 是同方向的，所以节点 $\bar{1}$ 的局部位移和整体位移也是不一样的。

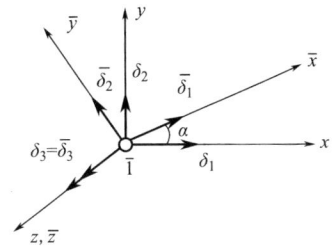

图 5-2 平面自由单元位移示意

$$\begin{pmatrix} \bar{\delta}_1 \\ \bar{\delta}_2 \\ \bar{\delta}_3 \end{pmatrix} = \boldsymbol{\lambda} \begin{pmatrix} \delta_1 \\ \delta_2 \\ \delta_3 \end{pmatrix} \tag{5-14}$$

式中 $\quad \boldsymbol{\lambda} = \begin{bmatrix} l_{\bar{x}x} & l_{\bar{x}y} & l_{\bar{x}z} \\ l_{\bar{y}x} & l_{\bar{y}y} & l_{\bar{y}z} \\ l_{\bar{z}x} & l_{\bar{z}y} & l_{\bar{z}z} \end{bmatrix} = \begin{bmatrix} \cos\alpha & \sin\alpha & 0 \\ -\sin\alpha & \cos\alpha & 0 \\ 0 & 0 & 1 \end{bmatrix}$

在上式中，节点位移分量顺序是可以调整的。如果节点广义位移中的各个分量变动顺序，则变换矩阵也相应地发生变化，但表达式的物理意义应保持不变。譬如将 δ_1 与 δ_3 进行调换，那么相应的变换矩阵也需要进行调整。但是无论怎么调换，最后展开的线性代数方程组是完全一致的，并不会有所不同。

在式（5-14）中将 δ_1 与 δ_3 进行调换，变换关系如下：

$$\begin{pmatrix} \bar{\delta}_3 \\ \bar{\delta}_2 \\ \bar{\delta}_1 \end{pmatrix} = \boldsymbol{\lambda} \begin{pmatrix} \delta_3 \\ \delta_2 \\ \delta_1 \end{pmatrix} \tag{5-15}$$

式中 $\quad \boldsymbol{\lambda} = \begin{bmatrix} 1 & 0 & 0 \\ 0 & \cos\alpha & -\sin\alpha \\ 0 & \sin\alpha & \cos\alpha \end{bmatrix}$

更进一步，假设在节点 $\bar{1}$ 处存在铰接约束，那么相应的转角无论是在局部坐标系下还是在整体坐标系下都不是独立的，即转角可以用其他自由度进行描述，因此在最终的节点位移变换式中转角将会消失。在式（5-14）的基础上，这种情况下的变换关系调整如下：

$$\begin{pmatrix} \bar{\delta}_1 \\ \bar{\delta}_2 \end{pmatrix} = \boldsymbol{\lambda}_1 \begin{pmatrix} \delta_1 \\ \delta_2 \end{pmatrix} \tag{5-16}$$

式中 $\quad \boldsymbol{\lambda}_1 = \begin{bmatrix} l_{\bar{x}x} & l_{\bar{x}y} \\ l_{\bar{y}x} & l_{\bar{y}y} \end{bmatrix} = \begin{bmatrix} \cos\alpha & \sin\alpha \\ -\sin\alpha & \cos\alpha \end{bmatrix}$

在杆系结构中，桁架是一种常见的形式，分为平面桁架和空间桁架两种情况，下面分别对其进行讨论分析。在图 5-3 中，假设某平面桁架杆单元起点 $\bar{1}$ 的节点位移分量如图 5-3 所示。由于桁架中杆件一般只受拉压作用，所以在局部坐标系下只需给出一个坐标轴，一般仅定义沿杆件轴线方向的坐标轴 $\bar{x}$ 即可。在整体坐标系下，平面桁架则需要定义两个坐标轴，即 x 轴和 y 轴。根据平面桁架受力及变形特点，可知 x 轴、y 轴和 $\bar{x}$ 轴在同一平面内，则节点在局部坐标系下的位移分量和在整体坐标系下的位移分量也保持在同一平面内，变换关系如下：

$$(\bar{\delta}) = \boldsymbol{\lambda} \begin{pmatrix} \delta_1 \\ \delta_2 \end{pmatrix} \tag{5-17}$$

式中 $\quad \boldsymbol{\lambda} = \begin{bmatrix} l_{\bar{x}x} & l_{\bar{x}y} \end{bmatrix} = \begin{bmatrix} \cos\alpha & \sin\alpha \end{bmatrix}$

对于空间桁架，在局部坐标系下仍然只需给出一个坐标轴，一般仅定义沿杆件轴线方

向的坐标轴 $\overline{x}$ 即可。但是在整体坐标系下，空间桁架则需要完整给出三个坐标轴的方位。在图 5-4 中，假设某空间桁架杆单元起点 $\overline{1}$ 的节点位移分量如图 5-4 所示，变换关系如下：

$$\boldsymbol{\lambda} = \begin{bmatrix} l_{\overline{x}x} & l_{\overline{x}y} & l_{\overline{x}z} \end{bmatrix} = \begin{bmatrix} \cos\alpha & \cos\beta & \cos\gamma \end{bmatrix} \tag{5-18}$$

则

$$(\overline{\boldsymbol{\delta}}) = \boldsymbol{\lambda} \begin{pmatrix} \delta_1 \\ \delta_2 \\ \delta_3 \end{pmatrix}$$

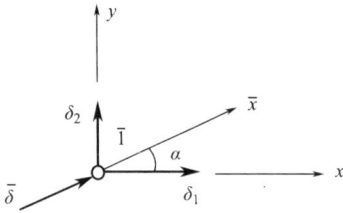

图 5-3　平面桁架位移示意　　　　图 5-4　空间桁架位移示意

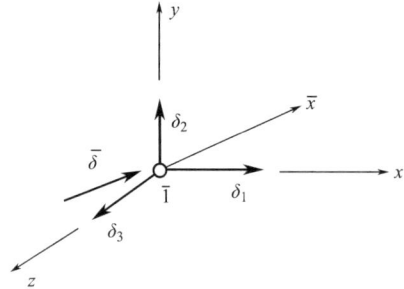

讨论约束条件对杆端位移变换影响时，假设不再局限于讨论桁架中杆单元的单一节点，而是将其推广到整个杆单元上。由于杆单元包含两个节点，分别假设左固右铰和左铰右固两种情况，那么参考式（5-10）和式（5-13）中的变换关系，相应的变换矩阵调整如下：

$$\boldsymbol{T} = \begin{pmatrix} \boldsymbol{\lambda} & \boldsymbol{0} \\ \boldsymbol{0} & \boldsymbol{\lambda}_1 \end{pmatrix} （左固右铰） \tag{5-19}$$

$$\boldsymbol{T} = \begin{pmatrix} \boldsymbol{\lambda}_1 & \boldsymbol{0} \\ \boldsymbol{0} & \boldsymbol{\lambda} \end{pmatrix} （左铰右固） \tag{5-20}$$

根据矢量代换的一般性，可知节点荷载变换与位移变化是一样的，仅仅是符号表述不同而已。因此尽管矢量代表的物理意义不同，但基本变换公式在结构上是完全一样的，即有着同样的运算法则。节点荷载包括直接作用在节点上的荷载和等效到节点上的荷载。为方便起见，对两者不加区分，均用节点等效荷载加以描述。直接作用在节点的荷载不需要变换，直接参与代数计算即可。一般情况下，直接作用在节点上的荷载情况是很少的。

5.2.2　单元刚度方程变换

在前面坐标变换中，无论是杆端力、杆端位移（毗邻的节点位移）都可进行坐标变换。因此，对于杆单元的刚度方程，可以通过相应的变换矩阵将杆单元在局部坐标系下的单元刚度方程变换为杆单元在整体坐标系下的单元刚度方程。

局部坐标系下，杆单元的刚度方程为

$$(\overline{\boldsymbol{F}}^e + \overline{\boldsymbol{F}}_E^e) = \overline{\boldsymbol{k}}^e \overline{\boldsymbol{\delta}}^e \tag{5-21}$$

上式两端同时左乘 $\boldsymbol{T}^T$，并注意到 $\boldsymbol{T}^T\boldsymbol{T} = \boldsymbol{E}$，在整体坐标系下杆单元的刚度方程为

$$(\boldsymbol{F}^e + \boldsymbol{F}_E^e) = \boldsymbol{k}^e \boldsymbol{\delta}^e \tag{5-22}$$

式中　$F^e = T^T \overline{F}^e$；

　　$k^e = T^T \overline{k}^e T$（整体坐标下单元刚度矩阵）。

上面式（5-21）和式（5-22）分别是同一杆单元在局部坐标系下的单元刚度方程和整体坐标系下的单元刚度方程。可以看出，它们在表达形式上并不完全一样，但在结构组成上是相同的。上述结果是以杆单元为背景进行推导的，但在整个过程中并不牵涉单元具体特性，因此公式的成立并不仅局限于杆单元。

5.3　建立整体刚度方程的后处理法

5.3.1　后处理法特点

对于杆系结构而言，杆单元分析仅仅是第一步，在此基础上还要进行杆系整体分析，以最终获得杆系的整体刚度方程。因此，本节需要就如何建立杆系整体刚度方程进行讨论分析。整体分析过程实际上是将单元分析的结果进行有效整合，建立整体刚度方程并求解节点位移的过程。通过整体分析获取杆系整体刚度方程有两种途径，即先处理法和后处理法。这里的先处理和后处理都是针对杆系中的约束条件而言的。下面首先阐述后处理法。

所谓后处理法，就是首先由单元刚度矩阵形成整体刚度矩阵，然后在此基础上建立整体刚度方程，最后再引入约束条件，进而求解未知的节点位移。

以图 5-5 中的杆系为例，该杆系中共有四个节点，其中节点 1、4 是固接的。根据固接约束特性，节点 1 和节点 4 处所有的位移分量均为零。但是在后处理法实施的过程中，先不考虑约束条件产生的零位移分量影响，即仍就对节点 1、4 分别赋予三个位移编码，与节点 2、3 在位移编码数量上相同。这样，在该杆系中一共有四个节点，那么总共有十二个位移编码。每一个节点有三个位移编码，分别对应着沿 x 轴、y 轴的平动位移和绕 z 轴的转动位移。

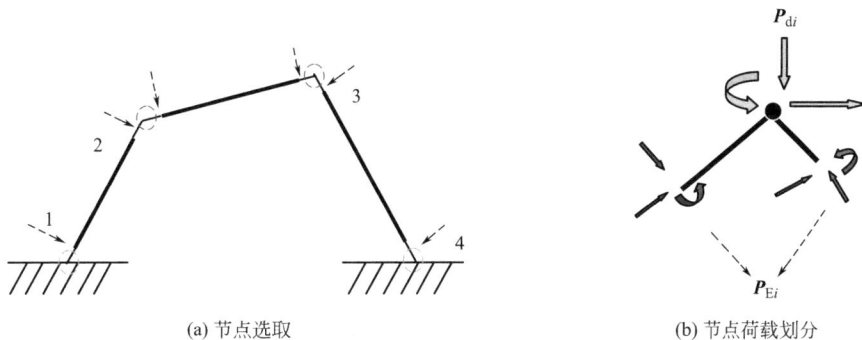

(a) 节点选取　　　　　　　　　　　　　(b) 节点荷载划分

图 5-5　杆系后处理法位移编码

假定结构的杆端（总）位移向量用 $\boldsymbol{\delta}$ 表示，可重复；对应的结构杆系节点（总）位移向量用 $\boldsymbol{\Delta}$ 表示，无重复。可知

$$\boldsymbol{\delta} = \begin{pmatrix} \delta_1 \\ \delta_2 \\ \delta_2 \\ \delta_3 \\ \delta_4 \\ \delta_3 \end{pmatrix} \qquad (5\text{-}23)$$

$$\boldsymbol{\Delta} = \begin{pmatrix} \delta_1 \\ \delta_2 \\ \delta_3 \\ \delta_4 \end{pmatrix} \qquad (5\text{-}24)$$

杆系结构整体荷载向量 $\boldsymbol{P}$ 包含各个节点的荷载。每一个节点荷载可以分解为两部分，一部分为作用在杆系杆身上的荷载等效到节点上的荷载 $\boldsymbol{P}_E$，另一部分为直接作用在杆系结构节点上的荷载 $\boldsymbol{P}_d$，有

$$\boldsymbol{P}_d = \begin{pmatrix} P_{d1} \\ P_{d2} \\ \vdots \\ P_{dn} \end{pmatrix} \qquad (5\text{-}25)$$

直接节点荷载也可包括解除约束后施加在节点上的约束力。

结构整体刚度方程的一般形式为

$$\boldsymbol{K}\boldsymbol{\Delta} = \boldsymbol{P}_E + \boldsymbol{P}_d = \boldsymbol{P} \qquad (5\text{-}26)$$

5.3.2 整体刚度矩阵的集成

参考式（5-26）可以发现，杆系节点位移向量 $\boldsymbol{\Delta}$ 为未知量，杆系结构整体荷载向量 $\boldsymbol{P}$ 也只需按杆单元分析过程中的等效节点荷载公式计算 $\boldsymbol{P}_E$ 即可，那么只剩下整体刚度矩阵 $\boldsymbol{K}$ 需要设法计算，然后结构的整体刚度方程就可以得出。

按照后处理法的思路，先不考虑支座对位移的限制条件，所有约束支座处节点的位移全部当作未知量进行处理。由于单元局部节点码与结构整体节点码之间存在一一对应的关系，可据此将单元刚度矩阵元素向整体刚度矩阵中传输，然后传输到同一位置的各个元素相互叠加，所求和即为整体刚度矩阵在该处的矩阵元素。后处理法的关键在于在单元局部节点码与整体节点码之间建立起一一对应的关系，然后设法将单元刚度矩阵中的元素向整体刚度矩阵中对应位置进行传递。

1. 刚度矩阵的集成

假设第 i 个杆单元局部节点码 $\bar{1}$、$\bar{2}$ 分别与整体节点码 r、s（$r < s$）相对应，则有

$$\boldsymbol{\delta}_i = \begin{pmatrix} \boldsymbol{\delta}_{\bar{1}} \\ \boldsymbol{\delta}_{\bar{2}} \end{pmatrix} = \begin{pmatrix} \boldsymbol{\delta}_r \\ \boldsymbol{\delta}_s \end{pmatrix} \qquad (5\text{-}27)$$

如果

$$\bar{\boldsymbol{k}}_i = \begin{pmatrix} k_{11} & k_{12} \\ k_{21} & k_{22} \end{pmatrix}_i \qquad (5\text{-}28)$$

那么传输规则为

$$k_{11}^i \rightarrow k_{rr}, \ k_{12}^i \rightarrow k_{rs}$$

$$k_{21}^i \rightarrow k_{sr}, \ k_{22}^i \rightarrow k_{ss}$$

将传输到同一位置的各个元素求取代数和，即可得到整体刚度矩阵中任意元素。

2. 等效节点荷载集装

杆单元中等效节点荷载也可以按类似的方法进行集成。令

$$\boldsymbol{F}_{\mathrm{E}}^i = \begin{pmatrix} \boldsymbol{F}_{\mathrm{E}\bar{1}} \\ \boldsymbol{F}_{\mathrm{E}\bar{2}} \end{pmatrix} \tag{5-29}$$

则传输规则为

$$\boldsymbol{F}_{\mathrm{E}\bar{1}} \rightarrow \boldsymbol{P}_{\mathrm{E}r}$$

$$\boldsymbol{F}_{\mathrm{E}\bar{2}} \rightarrow \boldsymbol{P}_{\mathrm{E}s}$$

按照局部节点码与整体节点码之间的对应关系，将杆单元等效节点荷载向量中的元素向杆系整体结构对应等效节点荷载向量中进行传输，传输到同一位置的元素求取代数和。

按后处理法对单元刚度矩阵集成时，将被约束节点的位移一律当作未知量进行组装，开始并没有考虑约束条件对位移的限制。单元刚度矩阵元素传递的关键在于依据局部节点码与整体节点码之间的一一对应关系，传输规则可用图 5-6 所示方法进行描述，更为形象直观。

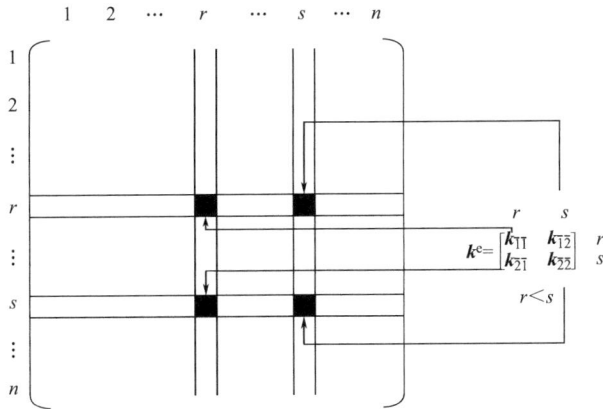

图 5-6　后处理法中的传输规则

5.4　建立整体刚度方程的先处理法

5.4.1　先处理法特点

所谓先处理法，就是首先处理约束条件对位移的限制，然后根据每个单元的定位向量，对各个单元的刚度方程进行集成。先处理法与后处理法是相对的，区别在于处理约束条件影响和单元刚度方程集成的先后顺序上。在先处理法中，需要引入一个关键的定位向量，即单元定位向量。

什么是单元定位向量呢？由单元杆端位移分量所对应的节点整体位移码（位移分量序号）组成的向量，称之为单元定位向量。对于受约束影响的已知或确定位移，相应的编码

赋值为 0。以图 5-7 为例，节点 1 或节点 4 对应的三个整体位移码均为 0。不过需要强调，整体位移码均为 0 并不是因为相应的位移分量取值为零，而是因为这些位移分量是已知的或确定的。换句话，即使节点 1 或节点 4 对应的位移分量取值不为零，但是只要是已知值或确定值，那么相应的整体位移码也按 0 赋值。

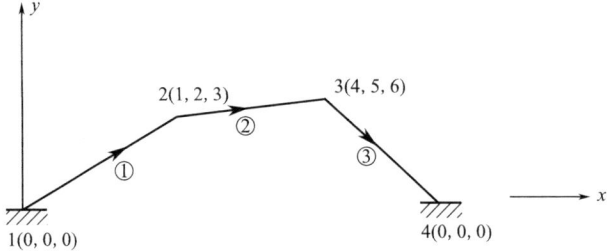

图 5-7 杆系节点位移编码

结合上图中三个杆单元的起点和终点位置，它们的定位向量分别为

$$单元①\ (0\quad 0\quad 0\quad 1\quad 2\quad 3)$$
$$单元②\ (1\quad 2\quad 3\quad 4\quad 5\quad 6)$$
$$单元③\ (0\quad 0\quad 0\quad 4\quad 5\quad 6)$$

5.4.2　整体刚度矩阵的集成

定义单元定位向量之后，按照非零分量给出的行码与列码，每个单元刚度矩阵的元素都在整体刚度矩阵中存在唯一确定的对应位置，将同一位置处的元素求取代数和，就可以求得整体刚度矩阵。

对应图 5-7，杆单元①刚度矩阵为

$$
\boldsymbol{k}^{①} =
\begin{matrix}
 & 0 & 0 & 0 & 1 & 2 & 3 & \\
\begin{bmatrix}
k_{11} & k_{12} & k_{13} & k_{14} & k_{15} & k_{16} \\
k_{21} & k_{22} & k_{23} & k_{24} & k_{25} & k_{26} \\
k_{31} & k_{32} & k_{33} & k_{34} & k_{35} & k_{36} \\
k_{41} & k_{42} & k_{43} & k_{44} & k_{45} & k_{46} \\
k_{51} & k_{52} & k_{53} & k_{54} & k_{55} & k_{56} \\
k_{61} & k_{62} & k_{63} & k_{64} & k_{65} & k_{66}
\end{bmatrix}
&
\begin{matrix}
①0 \\ 0 \\ 0 \\ 1 \\ 2 \\ 3
\end{matrix}
\end{matrix}
$$

杆单元②刚度矩阵为

$$
\boldsymbol{k}^{②} =
\begin{matrix}
 & 1 & 2 & 3 & 4 & 5 & 6 & \\
\begin{bmatrix}
k_{11} & k_{12} & k_{13} & k_{14} & k_{15} & k_{16} \\
k_{21} & k_{22} & k_{23} & k_{24} & k_{25} & k_{26} \\
k_{31} & k_{32} & k_{33} & k_{34} & k_{35} & k_{36} \\
k_{41} & k_{42} & k_{43} & k_{44} & k_{45} & k_{46} \\
k_{51} & k_{52} & k_{53} & k_{54} & k_{55} & k_{56} \\
k_{61} & k_{62} & k_{63} & k_{64} & k_{65} & k_{66}
\end{bmatrix}
&
\begin{matrix}
②1 \\ 2 \\ 3 \\ 4 \\ 5 \\ 6
\end{matrix}
\end{matrix}
$$

杆单元③刚度矩阵为

$$
\boldsymbol{k}^{③} = \begin{matrix} 0 & 0 & 0 & 4 & 5 & 6 \end{matrix} \\
\boldsymbol{k}^{③} = \begin{pmatrix} k_{11} & k_{12} & k_{13} & k_{14} & k_{15} & k_{16} \\ k_{21} & k_{22} & k_{23} & k_{24} & k_{25} & k_{26} \\ k_{31} & k_{32} & k_{33} & k_{34} & k_{35} & k_{36} \\ k_{41} & k_{42} & k_{43} & k_{44} & k_{45} & k_{46} \\ k_{51} & k_{52} & k_{53} & k_{54} & k_{55} & k_{56} \\ k_{61} & k_{62} & k_{63} & k_{64} & k_{65} & k_{66} \end{pmatrix} \begin{matrix} 0 \\ 0 \\ 0 \\ 4 \\ 5 \\ 6 \end{matrix}
$$

根据每个杆单元的定位向量，三个杆单元刚度矩阵中的元素都可以在整体刚度矩阵中确定相应的位置，同一位置处的元素互相累加，并且删除行码或列码为 0 的行、列，对应的整体刚度矩阵形式如下：

$$
\boldsymbol{K} = \begin{pmatrix} k_{44}^{①}+k_{11}^{②} & k_{45}^{①}+k_{12}^{②} & k_{46}^{①}+k_{13}^{②} & k_{14}^{②} & k_{15}^{②} & k_{16}^{②} \\ k_{54}^{①}+k_{21}^{②} & k_{55}^{①}+k_{22}^{②} & k_{56}^{①}+k_{23}^{②} & k_{24}^{②} & k_{25}^{②} & k_{26}^{②} \\ k_{64}^{①}+k_{31}^{②} & k_{65}^{①}+k_{32}^{②} & k_{66}^{①}+k_{33}^{②} & k_{34}^{②} & k_{35}^{②} & k_{36}^{②} \\ k_{41}^{②} & k_{42}^{②} & k_{43}^{②} & k_{44}^{②}+k_{44}^{③} & k_{45}^{②}+k_{45}^{③} & k_{46}^{②}+k_{46}^{③} \\ k_{51}^{②} & k_{52}^{②} & k_{53}^{②} & k_{54}^{②}+k_{54}^{③} & k_{55}^{②}+k_{55}^{③} & k_{56}^{②}+k_{56}^{③} \\ k_{61}^{②} & k_{62}^{②} & k_{63}^{②} & k_{64}^{②}+k_{64}^{③} & k_{65}^{②}+k_{65}^{③} & k_{66}^{②}+k_{66}^{③} \end{pmatrix} \begin{matrix} 1 \\ 2 \\ 3 \\ 4 \\ 5 \\ 6 \end{matrix}
$$

根据整体刚度矩阵结构，可以发现，参照单元定位向量，如果单元刚度矩阵中某一元素由定位向量提供的行码或列码为零，则最终不计入整体刚度矩阵。

等效节点荷载的处理类似，但叠加时仅根据定位向量给出的行码确定位置即可。

5.5 单元等效节点荷载的计算

5.5.1 等效处理方法

作用在结构上的荷载按其作用位置不同，可分为节点荷载和非节点荷载两种。由于采用有限元法分析杆系结构时，整体平衡方程本质上是各节点的平衡方程，所以必须把非节点荷载按静力等效的原则等效到节点上，形成等效节点荷载。在处理过程中，要求处理前后节点的位移大小是相等的。

节点荷载无须处理，而非节点荷载处理有两种方法可以形成等效节点荷载。一种方法是按杆单元分析中相应的等效节点荷载公式进行计算获得，另一种方法是将节点计算与结构力学中固端反力的计算联系起来。只要知道了节点等效荷载与固端反力之间的对应关系，采用结构力学中查表法就可直接获得对应的等效节点荷载。

5.5.2 等效节点荷载与固端反力的关系

在局部坐标系下，切开任意杆单元的端部，可以发现杆单元的固端反力与作用在杆单元上的荷载需要满足静力平衡条件，那么二者一定是平衡的。由此可知，单元等效节点荷载一定与毗邻的杆端固端反力满足下面的关系，即

$$
\overline{\boldsymbol{F}}_{\mathrm{E}}^{\mathrm{e}} = -\overline{\boldsymbol{F}}_{\mathrm{E}}^{\mathrm{F}} \tag{5-30}
$$

以图 5-8 为例，杆系中存在三个节点，一共有四个独立的未知节点位移分量，即节点

2 的两个线位移和一个角位移以及节点 3 的一个角位移。在图 5-8（b）中用附加约束固定未知节点位移，计算得到单元的杆端力即固端反力；在图 5-8（c）中将计算出的约束反力（固端反力）反向施加于原结构；那么图 5-8（a）中节点位移的情况等于图 5-8（b）和图 5-8（c）两者结果相加。由于图 5-8（b）无节点位移，所以图 5-8（a）和图 5-8（c）两种情况下的节点位移是相同的。

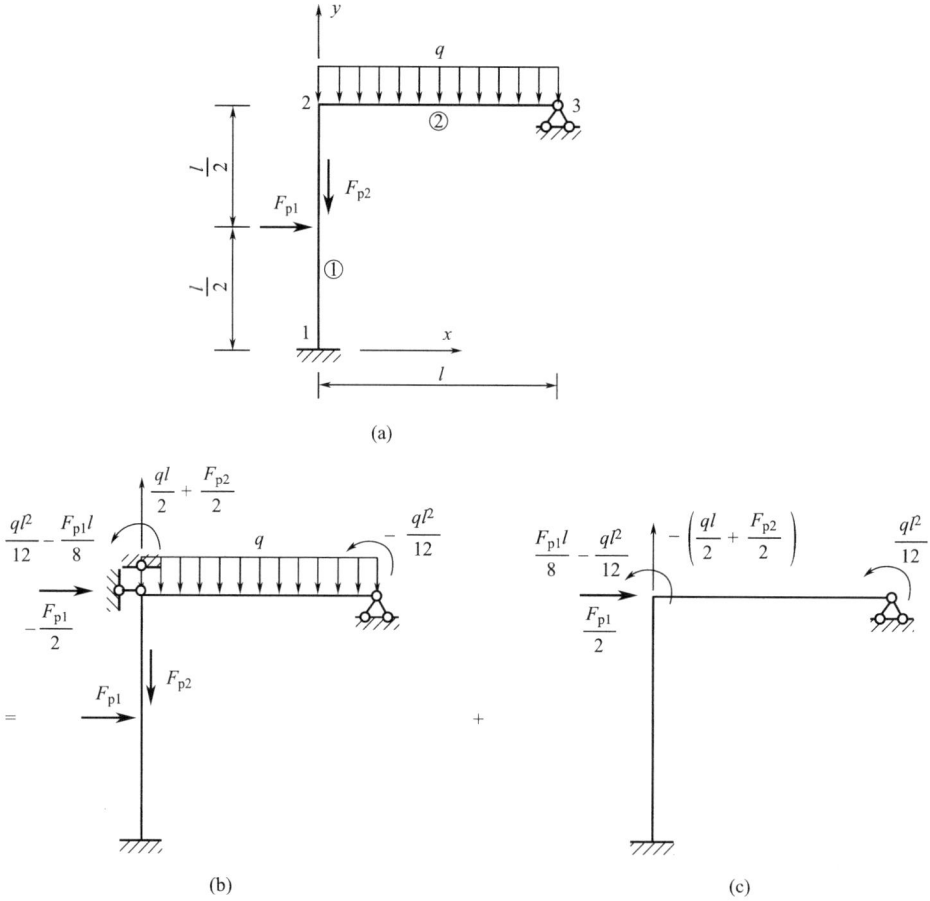

图 5-8 节点等效荷载计算

单就节点位移来说，这两种情况所对应的荷载是等效的。因此可称图 5-8（c）的荷载为原结构中的等效节点荷载。

5.6 弹性支承边界条件处理

在实际工程中，杆系有时会遇到弹性支承的情况，如图 5-9 所示。这时，一般可将弹性支座看作是在结构约束点位置沿约束方向施加的一个弹簧，弹簧的刚度系数为 k，k 在数值上等于使弹簧支座沿约束方向产生单位位移时所需施加的力。

设结构的第 i 个节点位移分量 δ_i 为弹性支座约束，弹簧的刚度系数为 k，则结构产生 δ_i 位移时所引起的支座反力为

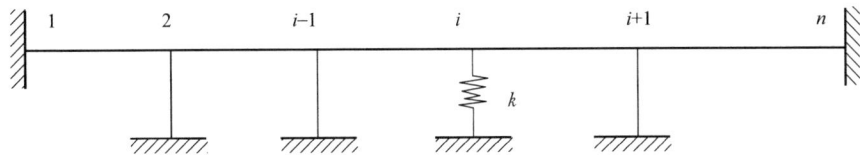

图 5-9 弹性支承点的处理示意图

$$F_R = -k\delta_i \tag{5-31}$$

式中　负号——支座反力方向与约束点位移方向始终相反。

F_R 作用在受约束的节点上，它是节点外力的一部分，由整体刚度方程可知，第 i 个平衡方程应为：

$$K_{i1}\delta_1 + K_{i2}\delta_2 + \cdots + K_{ii}\delta_i + \cdots + K_{in}\delta_n = F_i - F_R \tag{5-32}$$

这样杆系整体刚度方程中就引入了弹性支承的约束条件。

根据上述分析，引入弹性支承的步骤可以归结为：先解除弹性支承点的约束，赋予一个节点号，形成整体刚度矩阵，然后在整体刚度矩阵中将第 i 行的主元素 K_{ii} 加上弹性支承的刚度系数 k，此时第 i 行变为：

$$K_{i1}, \ K_{i2}, \ \cdots, \ K_{ii} + k, \ \cdots, \ K_{in}$$

这种处理方法既适用于以线位移为弹性约束的情况，同样也适用于以角位移为弹性约束的情况。如果结构有多个弹性支座，可同时引入，即只需将相应的主对角线元素加上相应的弹簧刚度系数即可。

习　题

1. 什么是线性空间基？

2. 在杆系整体分析中引入线性空间基的目的是什么？

3. 一个向量在局部坐标系和整体坐标系的表达方式有何不同？

4. 三维空间中描述一个向量时，向量坐标有何作用？

5. 对一个向量进行坐标变换时，如果将三个分量的位置进行调整，转换矩阵是否发生变化？

6. 对于一个杆单元，初始的单元刚度方程是在局部坐标系下建立的，那么要将其转化为整体坐标系下的单元刚度方程，需怎样进行坐标变换？

7. 什么是后处理法？什么是先处理法？

8. 按照后处理法，如何将局部坐标系下单元刚度矩阵的元素向整体刚度矩阵对应的位置进行传递？

9. 什么是单元定位向量？先处理法如何由杆单元的刚度矩阵推导杆系的整体刚度矩阵？

10. 杆单元等效节点荷载与杆的固端反力有何关系？

11. 图 5-10 中节点 i 是某杆单元的起点，该杆单元为平面桁架的一部分。已知该杆单元轴线沿局部坐标系中坐标轴 $\overline{x}$ 的方向，$\overline{\delta}$ 是节点 i 的位移；δ_1、δ_2 分别是 $\overline{\delta}$ 在整体坐标系下相应的节点位移分量，按照图示关系写出相应的 $\overline{\delta}$ 和 δ 之间的变换关系式。

12. 采用先处理法思路，对图 5-11 所示杆单元建立相应的整体单元刚度矩阵。

13. 在 12 题的基础上，将图 5-12 中某两杆的约束改成铰接，请说明对应的杆系整体刚度矩阵将会发生何种变化？

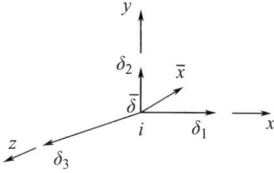

图 5-10　习题 11

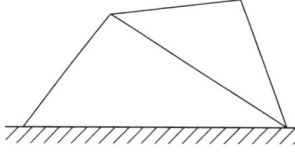

图 5-11　习题 12

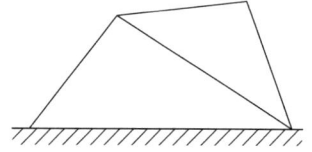

图 5-12　习题 13

14. 求图 5-13 所示杆的固端反力及对应的等效节点荷载，杆的抗弯刚度为 EI。

15. 求图 5-14 所示杆的固端反力及对应的等效节点荷载，杆的抗弯刚度为 EI。

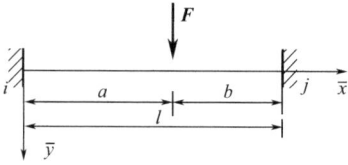

图 5-13　习题 14

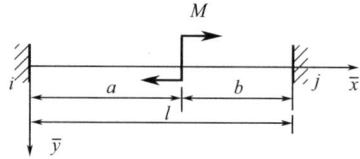

图 5-14　习题 15

第6章 平面问题的有限元分析

6.1 概述

6.1.1 有限元法的基本思想

有限元法处理问题的思路通常是将一个连续体假想地分割成数量有限的一系列个体（单元），彼此间只在指定的位置（节点处）相互连接，以离散体的集合代替原来的连续体，再在节点上引进等效荷载以代替实际作用于单元上的荷载，通过推导建立节点位移和节点荷载之间的关系并进一步求解。

有限元法的实质是把有无限个自由度的连续体，简化为只包含有限个自由度的单元集合体，然后再采用数值解法进行计算分析。经典解析法求解通常需要计算偏微分方程，比较复杂甚至难以求解；而有限元法在将连续体离散为有限数量的单元集合体之后，按照数值解法可以高效地处理绝大多数工程问题。至于精度问题，则可以通过调整网格尺寸进行有效处理。

6.1.2 平面问题有限元法处理的基本步骤

无论是杆系问题、平面问题还是空间问题，有限元法处理的步骤均是类似的。基本过程如下：

1. 建立力学模型

对于平面问题，首要考虑其属于平面应变问题还是平面应力问题，然后考虑模型选取的大小，边界条件如何处理，轴对称问题，空间问题，板、梁、杆或组合体等，对称或反对称等。

以图 6-1 为例，平板中间有一圆孔，然后左右两侧受有集度相等的均布荷载，主要在板内产生水平拉伸变形和拉应力。如何对板内圆孔附近的变形和内力进行分析？

根据前面平面问题的特征，可以确认该板为平面应力问题。由于结构和荷载的对称性，可取结构的 1/4 进行分析。由于整个模型中荷载的对称性，可知在 1/4 模型中剖开的两侧面上需要施加链杆位移约束，左侧截面没有水平位移，底部截面没有竖向位移。中心开孔板力学模型如图 6-2 所示。

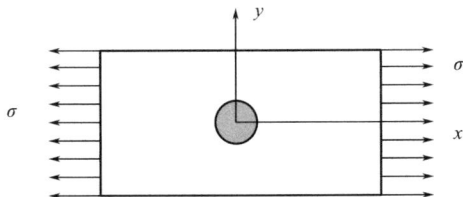

图 6-1 中心开孔板对称受拉

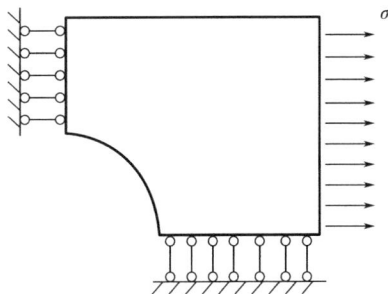

图 6-2 中心开孔板力学模型

2. 结构的离散化

结构离散化就是对模型结构选取单元进行划分的过程。对于平面问题，常用三角形单元和四边形单元，亦可以混合使用两种单元。

3. 选择单元的位移模式

结构离散化后，需要利用单元内节点的位移通过插值方法来获得单元内各点的位移。参考结构力学、材料力学和弹性力学的知识，通常可假定单元的位移模式为多项式。一般来说，单元位移多项式的项数应与单元的自由度数相等，而且它的项数应包含常数项和一次项。单元位移模式描述如下：

$$\{d\} = [N]\{\delta\}^e \tag{6-1}$$

式中　　$\{d\}$——单元内任一点的位移；

　　　　$\{\delta\}^e$——单元的节点位移；

　　　　$[N]$——单元的形函数矩阵（它的元素是任一点位置坐标的函数）。

4. 单元力学特性分析

将式（6-1）代入几何方程，可推导出用单元节点位移表示的单元应变表达式：

$$\{\varepsilon\} = [B]\{\delta\}^e \tag{6-2}$$

式中　　$\{\varepsilon\}$——单元内任一点应变列阵；

　　　　$[B]$——单元的应变矩阵（它的元素仍为位置坐标的函数）。

如果把式（6-2）代入物理方程，则可获得用单元节点位移表示的单元应力表达式：

$$\{\sigma\} = [D][B]\{\delta\}^e \tag{6-3}$$

式中　　$[D]$——单元的弹性矩阵（它与材料的特性有关）。

利用弹性体的虚功方程或最小势能原理，可建立单元节点荷载与节点位移之间的力学变换关系，即形成单元刚度方程式：

$$\{R\}^e = [k]^e\{\delta\}^e \tag{6-4}$$

式中　　　　　　$[k]^e = \iiint_\Omega [B]^T[D][B] \mathrm{d}x\,\mathrm{d}y\,\mathrm{d}z \tag{6-5}$

对于不同类型的结构或者单元，上式中单元刚度矩阵的描述形式是通用的。可以看出，对于弹性体划分的各类单元，其刚度矩阵一般均是对称的。

5. 建立结构的整体刚度方程

通过单元刚度矩阵 $[k]^e$ 可集成整体刚度矩阵 $[K]$，通过单元节点荷载 $\{R\}^e$ 可集成整体节点荷载 $\{R\}$，最后形成如下形式的结构整体刚度方程：

$$[K]\{\delta\} = \{R\} \tag{6-6}$$

6. 求解整体刚度方程

这一步有时需要考虑整体结构的约束情况，然后视必要修改整体刚度方程，最后求解以节点位移为未知量的代数方程组。一旦获得节点位移，就可根据位移模式、几何方程和物理方程，求得结构内任一点的位移、应变和应力。

6.1.3　有限元解的收敛性

按照有限元的方法进行求解，并不一定会取得满意的结果，甚至严重的可能会出现运算无法完成的情况。这原因往往在于有限元计算过程中，解不满足收敛性。通常解要满足收敛性，需要遵循以下准则：

（1）位移模式必须包含单元的刚体位移；

（2）位移模式必须能体现单元的常应变；

（3）位移模式在单元内要连续，并使相邻单元间的位移保持协调。

满足条件（1）、（2）的单元称为完备单元，满足条件（3）的单元称为协调单元。在求解有限元过程中，位移模式通常为多项式组合。刚体位移指弹性体内各点的平动位移或转动位移，通常在位移模式中体现为常数项，与各点的具体坐标值无关。位移模式要能体现单元可能出现的常应变，则需要位移模式中必须包含线性项即一次项，因为按照几何方程只有一次项求导获得的应变才可能是常应变，即单元内各点应变与坐标无关，保持为常数值。位移保持协调性是在单元内保持各点接触或单元间沿公共边不分离，这取决于位移模式的连续性。

为满足有限元解的收敛准则，多项式的项数应等同于单元边界上节点自由度的总数。对于位移模式中多项式的同次项，应按照图 6-3 所示的帕斯卡三角形进行选取。在次数相同的情况下，优先选取离对称轴最近的单项式；离对称轴距离相同的单项式要么在位移模式中同时出现，要么都不出现。

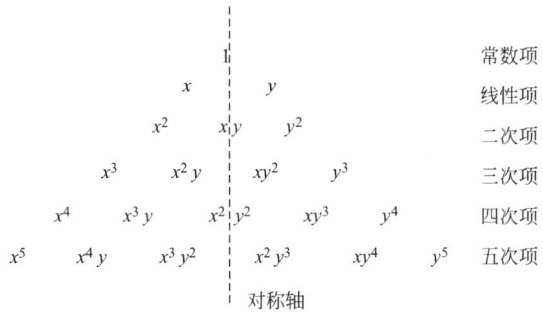

图 6-3　帕斯卡三角形示意图

6.2　面积坐标

进行单元分析时，必须构筑单元的位移模式，即单元内任意一点的位移表达式。单元的位移模式一般与考察点的坐标有关，可以描述为形函数与单元节点位移的乘积。形函数的自变量为各点的坐标值，而且形函数各分量满足"本地为 1，它处为 0"的基本性质。

为此，对单元内的考察点可先定义其面积坐标，然后分析其与形函数之间的相互关系。

6.2.1　定义

在图 6-4 所示的三角形单元 ijm 中，任意一点 $P(x，y)$ 的位置可以用以下三个比值来确定，即

$$L_i = \frac{\Delta_i}{\Delta} \quad L_j = \frac{\Delta_j}{\Delta} \quad L_m = \frac{\Delta_m}{\Delta} \tag{6-7}$$

式中　　Δ——三角形单元 ijm 的面积；

Δ_i、Δ_j 和 Δ_m——分别是 ΔPjm、ΔPmi 和 ΔPij 的面积。这三个面积比值的联合（L_i，L_j 和 L_m）就称为 P 点的面积坐标，其中任意一个称为该点的面积坐标分量。

显然，这三个面积坐标并不是完全独立的。根据三角形图形隶属关系，可知

$$\Delta_i + \Delta_j + \Delta_m = \Delta \tag{6-8}$$

上式两边同除 Δ，整理可得

71

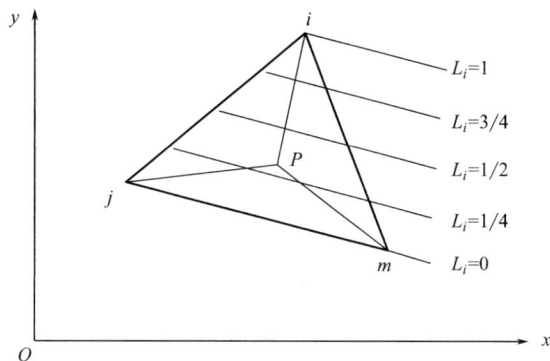

图 6-4 三角形单元面积坐标示意

$$L_i + L_j + L_m = 1 \qquad (6-9)$$

ΔPjm 的面积可以采用行列式（三角形中三个顶点的逆时针排列顺序与各自坐标在行列式中的上下行分布顺序要对应）进行计算，形式如下：

$$\Delta_i = \frac{1}{2} \begin{vmatrix} 1 & x & y \\ 1 & x_j & y_j \\ 1 & x_m & y_m \end{vmatrix} = \frac{1}{2}(a_i + b_i x + c_i y) \qquad (6-10)$$

故有

$$L_i = \frac{\Delta_i}{\Delta} = \frac{1}{2\Delta}(a_i + b_i x + c_i y) \qquad (6-11)$$

式中

$$\Delta = \frac{1}{2} \begin{vmatrix} 1 & x_i & y_i \\ 1 & x_j & y_j \\ 1 & x_m & y_m \end{vmatrix}$$

$$a_i = x_j y_m - x_m y_j$$

$$b_i = y_j - y_m$$

$$c_i = x_m - x_j$$

同理

$$L_j = \frac{\Delta_j}{\Delta} = \frac{1}{2\Delta}(a_j + b_j x + c_j y)$$

$$a_j = x_m y_i - x_i y_m$$

$$b_j = y_m - y_i$$

$$c_j = x_i - x_m$$

$$L_m = \frac{\Delta_m}{\Delta} = \frac{1}{2\Delta}(a_m + b_m x + c_m y)$$

$$a_m = x_i y_j - x_j y_i$$

$$b_m = y_i - y_j$$

$$c_m = x_j - x_i$$

根据面积坐标的定义，不难发现，在平行 jm 边的直线上的所有各点，都有相同的坐标 L_i，并且该坐标就等于"该直线至 jm 边的距离"与"节点 i 至 jm 边的距离"之比。在图 6-4 中分别给出了一些点线的 L_i 坐标分量。

6.2.2 公式变换

在后续章节可以发现，三角形常应变单元中的形函数分量 N_i、N_j、N_m 与面积坐标分量 L_i、L_j、L_m 恰好是相等的。可以发现，单元三个节点的面积坐标分别如下：

$$节点\ i：L_i=1 \quad L_j=0 \quad L_m=0；$$
$$节点\ j：L_i=0 \quad L_j=1 \quad L_m=0；$$
$$节点\ m：L_i=0 \quad L_j=0 \quad L_m=1。$$

这些面积坐标分量也满足"本地为 1，它处为 0"的基本性质。

在此基础上，不难检验，单元中任一点的面积坐标与直角坐标之间存在以下变换关系：

$$\left.\begin{array}{l} x = x_iL_i + x_jL_j + x_mL_m \\ y = y_iL_i + y_jL_j + y_mL_m \end{array}\right\} \tag{6-12}$$

当以面积坐标为变量的函数对直角坐标求导时，按照复合函数的求导公式，可按照下列公式进行计算：

$$\left.\begin{array}{l} \dfrac{\partial}{\partial x} = \dfrac{\partial L_i}{\partial x}\dfrac{\partial}{\partial L_i} + \dfrac{\partial L_j}{\partial x}\dfrac{\partial}{\partial L_j} + \dfrac{\partial L_m}{\partial x}\dfrac{\partial}{\partial L_m} = \dfrac{b_i}{2\Delta}\dfrac{\partial}{\partial L_i} + \dfrac{b_j}{2\Delta}\dfrac{\partial}{\partial L_j} + \dfrac{b_m}{2\Delta}\dfrac{\partial}{\partial L_m} \\ \dfrac{\partial}{\partial y} = \dfrac{\partial L_i}{\partial y}\dfrac{\partial}{\partial L_i} + \dfrac{\partial L_j}{\partial y}\dfrac{\partial}{\partial L_j} + \dfrac{\partial L_m}{\partial y}\dfrac{\partial}{\partial L_m} = \dfrac{c_i}{2\Delta}\dfrac{\partial}{\partial L_i} + \dfrac{c_j}{2\Delta}\dfrac{\partial}{\partial L_j} + \dfrac{c_m}{2\Delta}\dfrac{\partial}{\partial L_m} \end{array}\right\} \tag{6-13}$$

6.3 常应变三角形单元

平面问题进行单元划分时，可以选用三角形单元或四边形单元。对于平面问题，三角形单元是最常用、也是最简单的一种单元形式。其中，三角形单元一般多采用常应变三角形单元。

6.3.1 结构离散化

在运用有限单元法分析弹性平面问题时，在建立力学模型之后就要对结构进行离散化，即用离散体的集合去替代原来的连续体。在平面问题中，用三角形单元进行结构离散化时，它代表的几何形体可能是不一样的。在平面应力问题中，三角形单元代表的几何形体为三角形板；而在平面应变问题中，同为三角形单元，但它代表的几何形体则是三棱柱。

图 6-5 是一个左侧固定的变截面悬臂梁，在顶面偏右侧处受有均布荷载。假设采用三角形单元进行结构离散化，可以将其划分为有限个互不重叠的三角形单元。这些三角形单元在其节点处相互铰接（平面问题节点间可按铰接处理，但空间问题不一定成立，譬如板壳问题中节点按固接处理），组成一个单元集合体，以替代原来的连续体。同时，将所有作用在单元上的载荷（包括集中载荷、面载荷和体积载荷）都按虚功等效的原则移置到节点上，成为等效节点载荷。由此便得到了该平面应力问题的有限元计算模型，如图 6-6 所示。

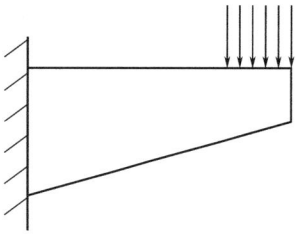

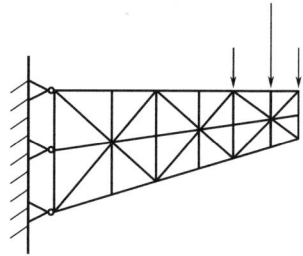

图 6-5　承受均布荷载的变截面悬臂梁　　　　　　图 6-6　悬臂梁有限元计算模型

6.3.2　位移分析

进行三角形单元位移分析时，需要建立以单元节点位移为基本量描述单元内任意一点位移的数学表达式。设三角形单元的节点编号分别为 i、j 和 m，如图 6-7 所示。由弹性力学平面问题可知，每个节点在其单元平面内的位移可以有两个分量，所以整个三角形单元将有六个节点位移分量即六个自由度，用向量表示为

$$\{\boldsymbol{\delta}\}^{\mathrm{e}}=\begin{bmatrix}\boldsymbol{\delta}_i^{\mathrm{T}} & \boldsymbol{\delta}_j^{\mathrm{T}} & \boldsymbol{\delta}_m^{\mathrm{T}}\end{bmatrix}^{\mathrm{T}}=\begin{bmatrix}u_i & v_i & u_j & v_j & u_m & v_m\end{bmatrix}^{\mathrm{T}} \tag{6-14}$$

其中的子矩阵

$$\{\boldsymbol{\delta}_i\}=\begin{bmatrix}u_i & v_i\end{bmatrix}^{\mathrm{T}}(i,\ j,\ m\ 轮换) \tag{6-15}$$

式中　u_i、v_i——分别是节点 i 沿 x 轴和 y 轴方向的位移。

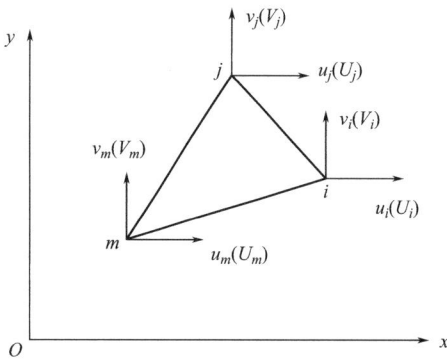

图 6-7　平面三角形单元

在有限元法中，虽然是用离散化模型来代替原来的连续体，但无论离散前的连续体还是离散后的单元体均属于弹性体，所以在单元体内部可以认为依然是符合弹性力学基本假定的，弹性力学的基本方程在每个单元内部同样适用。

从弹性力学平面问题理论可知，如果弹性体内的位移函数已知，则应变和应力也就确定了。因此，在进行有限元分析时，必须先假定一个位移模式。由于在弹性体内，各点的位移变化情况非常复杂，很难在整个弹性体内选取一个恰当的位移函数来体现位移的复杂多变性，但是如果将整个平面区域分割成许多小单元，那么在每个单元的局部范围内就可以采用比较简单的函数来近似地描述单元内各点的真实位移。将所有单元的位移表达式联合起来，就可近似地描述整个区域的真实位移函数。

基于上述思想，可以选择一个单元建立位移模式，单元内各点的位移可按此位移模式由单元节点位移通过插值而获得。按照有限元解的收敛性条件，常应变三角形单元的位移模式应包含常数项和直角坐标的一次项，一般可采取如下线性位移模式：

$$u=\alpha_1+\alpha_2 x+\alpha_3 y,\ v=\alpha_4+\alpha_5 x+\alpha_6 y \tag{6-16}$$

式中　α_1、α_2、α_3、α_4、α_5、α_6——待定常数。

因为三角形单元包含三个节点，共有六个自由度，且位移函数 u、v 在三个节点处的

数值应该等于这些点处位移分量的数值。假设节点 i、j、m 的坐标分别为 (x_i, y_i)、(x_j, y_j)、(x_m, y_m)，代入式（6-16），可得：

$$\left.\begin{aligned} u_i &= \alpha_1 + \alpha_2 x_i + \alpha_3 y_i \\ u_j &= \alpha_1 + \alpha_2 x_j + \alpha_3 y_j \\ u_m &= \alpha_1 + \alpha_2 x_m + \alpha_3 y_m \end{aligned}\right\} \tag{6-17}$$

$$\left.\begin{aligned} v_i &= \alpha_4 + \alpha_5 x_i + \alpha_6 y_i \\ v_j &= \alpha_4 + \alpha_5 x_j + \alpha_6 y_j \\ v_m &= \alpha_4 + \alpha_5 x_m + \alpha_6 y_m \end{aligned}\right\} \tag{6-18}$$

由式（6-17）中的三个方程，可以求得

$$\alpha_1 = \frac{1}{2\Delta}\begin{vmatrix} u_i & x_i & y_i \\ u_j & x_j & y_j \\ u_m & x_m & y_m \end{vmatrix}, \quad \alpha_2 = \frac{1}{2\Delta}\begin{vmatrix} 1 & u_i & y_i \\ 1 & u_j & y_j \\ 1 & u_m & y_m \end{vmatrix}, \quad \alpha_3 = \frac{1}{2\Delta}\begin{vmatrix} 1 & x_i & u_i \\ 1 & x_j & u_j \\ 1 & x_m & u_m \end{vmatrix} \tag{6-19}$$

式中

$$2\Delta = \begin{vmatrix} 1 & x_i & y_i \\ 1 & x_j & y_j \\ 1 & x_m & y_m \end{vmatrix}$$

从线性代数中关于行列式的知识可知，式中 Δ 就是三角形 ijm 的面积。为保证求得的面积为正值，节点 i、j、m 的编排次序必须是逆时针方向。

将式（6-19）代入式（6-16）中的第一式，整理后得到：

$$u = \frac{1}{2\Delta}\left[(a_i + b_i x + c_i y)u_i + (a_j + b_j x + c_j y)u_j + (a_m + b_m x + c_m y)u_m\right] \tag{6-20}$$

式中

$$a_i = \begin{vmatrix} x_j & y_j \\ x_m & y_m \end{vmatrix} = x_j y_m - x_m y_j$$

$$b_i = -\begin{vmatrix} 1 & y_j \\ 1 & y_m \end{vmatrix} = y_j - y_m$$

$$c_i = \begin{vmatrix} 1 & x_j \\ 1 & x_m \end{vmatrix} = -(x_j - x_m) \quad (i, j, m \text{ 轮换})$$

同理可得

$$v = \frac{1}{2\Delta}\left[(a_i + b_i x + c_i y)v_i + (a_j + b_j x + c_j y)v_j + (a_m + b_m x + c_m y)v_m\right] \tag{6-21}$$

令

$$N_i = \frac{1}{2\Delta}(a_i + b_i x + c_i y) = L_i \quad (i, j, m \text{ 轮换})$$

则式（6-20）和式（6-21）可以写为

$$\left.\begin{aligned} u &= N_i u_i + N_j u_j + N_m u_m \\ v &= N_i v_i + N_j v_j + N_m v_m \end{aligned}\right\} \tag{6-22}$$

进一步采用矩阵形式，描述如下

$$\{f\} = \begin{Bmatrix} u \\ v \end{Bmatrix} = \begin{bmatrix} N_i \boldsymbol{I} & N_j \boldsymbol{I} & N_m \boldsymbol{I} \end{bmatrix} \{\boldsymbol{\delta}\}^e = [\boldsymbol{N}] \{\boldsymbol{\delta}\}^e \qquad (6\text{-}23)$$

式中　　　$\boldsymbol{I}$——二阶单位矩阵；

N_i、N_j、N_m——坐标的函数。

坐标函数反映了单元的位移状态，由于与坐标值有关，所以涉及单元的形状，一般称之为形状函数，简称形函数。对应地，矩阵 $[\boldsymbol{N}]$ 称作形函数矩阵。对于包含三个节点的三角形单元，它的形函数是坐标的线性函数。单元中任一条直线各点发生位移后仍保持为一条直线，那么只要两个相邻单元在公共节点处保持位移相等，则公共边发生线性变形后仍相互密合，不会发生分离。

6.3.3　应变分析

基于单元的位移模式，可以利用平面问题的几何方程

$$\{\boldsymbol{\varepsilon}\} = \begin{Bmatrix} \varepsilon_x \\ \varepsilon_y \\ \gamma_{xy} \end{Bmatrix} = \begin{Bmatrix} \dfrac{\partial u}{\partial x} \\ \dfrac{\partial v}{\partial y} \\ \dfrac{\partial u}{\partial y} + \dfrac{\partial v}{\partial x} \end{Bmatrix} \qquad (6\text{-}24)$$

求得应变分量。将式（6-20）、式（6-21）代入上式，可得

$$\{\boldsymbol{\varepsilon}\} = \frac{1}{2\Delta} \begin{bmatrix} b_i & 0 & b_j & 0 & b_m & 0 \\ 0 & c_i & 0 & c_j & 0 & c_m \\ c_i & b_i & c_j & b_j & c_m & b_m \end{bmatrix} \{\boldsymbol{\delta}\}^e \qquad (6\text{-}25)$$

上式可进一步简写成

$$\{\boldsymbol{\varepsilon}\} = [\boldsymbol{B}] \{\boldsymbol{\delta}\}^e \qquad (6\text{-}26)$$

式中　　$[\boldsymbol{B}]$——单元应变矩阵。

可写成分块矩阵的形式：

$$[\boldsymbol{B}] = \begin{bmatrix} \boldsymbol{B}_i & \boldsymbol{B}_j & \boldsymbol{B}_m \end{bmatrix} \qquad (6\text{-}27)$$

应变子矩阵每一个分块矩阵为

$$[\boldsymbol{B}_i] = \frac{1}{2\Delta} \begin{bmatrix} b_i & 0 \\ 0 & c_i \\ c_i & b_i \end{bmatrix} \quad (i, \, j, \, m \text{ 轮换}) \qquad (6\text{-}28)$$

由于 Δ 和 b_i、b_j、b_m、c_i、c_j、c_m 等都是常量，所以矩阵 $[\boldsymbol{B}]$ 中的元素都是常量。进一步由公式 $\{\boldsymbol{\varepsilon}\} = [\boldsymbol{B}]\{\boldsymbol{\delta}\}^e$ 可知，单元中各点的应变分量也都是常量。正因为此，通常称这种单元为常应变三角形单元。

6.3.4　应力分析

求得应变之后，再将应变表达式代入物理方程，便可推导出以节点位移表示的应力，即

$$\{\boldsymbol{\sigma}\} = [\boldsymbol{D}][\boldsymbol{B}] \{\boldsymbol{\delta}\}^e \qquad (6\text{-}29)$$

令

$$[\boldsymbol{S}] = [\boldsymbol{D}][\boldsymbol{B}]$$

则

$$\{\boldsymbol{\sigma}\} = [\boldsymbol{S}]\{\boldsymbol{\delta}\}^e \tag{6-30}$$

式中　$[\boldsymbol{S}]$——应力矩阵。

可写成分块矩阵形式，如下：

$$[\boldsymbol{S}] = [\boldsymbol{D}][\boldsymbol{B}_i \quad \boldsymbol{B}_j \quad \boldsymbol{B}_m] = [\boldsymbol{S}_i \quad \boldsymbol{S}_j \quad \boldsymbol{S}_m] \tag{6-31}$$

对于平面应力问题，弹性矩阵 $[\boldsymbol{D}]$ 为

$$[\boldsymbol{D}] = \frac{E}{1-\mu^2}\begin{bmatrix} 1 & & \\ \mu & 1 & \\ 0 & 0 & \dfrac{1-\mu}{2} \end{bmatrix} \tag{6-32}$$

将上式代入式（6-31），$[\boldsymbol{S}]$ 的子矩阵分别为

$$[\boldsymbol{S}_i] = [\boldsymbol{D}][\boldsymbol{B}_i] = \frac{E}{2(1-\mu^2)\Delta}\begin{bmatrix} b_i & \mu c_i \\ \mu b_i & c_i \\ \dfrac{1-\mu}{2}c_i & \dfrac{1-\mu}{2}b_i \end{bmatrix} \quad (i, j, m \text{ 轮换}) \tag{6-33}$$

对于平面应变问题，只要将式（6-32）中的 E 换成 $E/(1-\mu^2)$，μ 换成 $\mu/(1-\mu)$，即得到其弹性矩阵：

$$[\boldsymbol{D}] = \frac{E(1-\mu)}{(1+\mu)(1-2\mu)}\begin{bmatrix} 1 & & \\ \dfrac{\mu}{1-\mu} & 1 & \\ 0 & 0 & \dfrac{1-2\mu}{2(1-\mu)} \end{bmatrix} \tag{6-34}$$

对应 $[\boldsymbol{S}_i]$ 的子矩阵变为

$$[\boldsymbol{S}_i] = [\boldsymbol{D}][\boldsymbol{B}_i] = \frac{E(1-\mu)}{2(1+\mu)(1-2\mu)\Delta}\begin{bmatrix} b_i & \dfrac{\mu}{1-\mu}c_i \\ \dfrac{\mu}{1-\mu}b_i & c_i \\ \dfrac{1-2\mu}{2(1-\mu)}c_i & \dfrac{1-2\mu}{2(1-\mu)}b_i \end{bmatrix} \quad (i, j, m \text{ 轮换})$$

$$\tag{6-35}$$

一旦求得应力矩阵则可获得任意点应力为

$$\{\boldsymbol{\sigma}\} = [\boldsymbol{S}_i]\{\boldsymbol{\delta}_i\} + [\boldsymbol{S}_j]\{\boldsymbol{\delta}_j\} + [\boldsymbol{S}_m]\{\boldsymbol{\delta}_m\} \tag{6-36}$$

上式中由于 $[\boldsymbol{S}]$ 中的诸元素都是常量，所以每个单元中的应力分量也是常量。

综上所述，对于常应变单元，由于所选取的位移模式是线性的，所以每一单元内部应力和应变都是固定不变的。不过，尽管不同单元的应力、应变都是常数，但彼此的常数值却并不相同。因此，相邻单元将具有不同的应力和应变，体现在单元的公共边界上应力和应变的值将会发生突变。然而，就位移而言，无论单元内部还是单元交界处都始终满足协调性条件，即位移在各处都保持连续。

6.3.5 单元刚度矩阵

为了推导单元节点力和节点位移之间的关系，可应用虚位移原理对图 6-7 中的单元进行分析。该单元是在等效节点力的作用下处于平衡的，而这种节点力可采用列阵表示为：

$$\{R\}^e = [R_i^T \quad R_j^T \quad R_m^T]^T = [U_i \quad V_i \quad U_j \quad V_j \quad U_m \quad V_m]^T \tag{6-37}$$

假设在单元发生有虚位移，则相应的三个节点 i、j、m 的虚位移为

$$\{\delta^*\}^e = [\delta u_i \quad \delta v_i \quad \delta u_j \quad \delta v_j \quad \delta u_m \quad \delta v_m]^T \tag{6-38}$$

且假设单元内各点的虚位移为 $\{f^*\}$，并具有与真实位移相同的位移模式，即

$$\{f^*\} = [N]\{\delta^*\}^e \tag{6-39}$$

参照前述各式，单元内的虚应变 $\{\varepsilon^*\}$ 为

$$\{\varepsilon^*\} = [B]\{\delta^*\}^e \tag{6-40}$$

那么，作用在单元体上的外力在虚位移上所做的功可写为

$$(\{\delta^*\}^e)^T\{R\}^e \tag{6-41}$$

单元内的应力在虚应变上所做的功为

$$\{\varepsilon^*\}^T\{\sigma\}t\,dx\,dy \tag{6-42}$$

式中 t——单元的厚度。

将式（6-40）及式（6-29）代入上式，则有：

$$(\{\delta^*\}^e)^T[B]^T[D][B]\{\delta\}^e t\,dx\,dy \tag{6-43}$$

根据虚位移原理，由式（6-41）和式（6-43）可得到单元的虚功方程，即

$$(\{\delta^*\}^e)^T\{R\}^e = (\{\delta^*\}^e)^T[B]^T[D][B]\{\delta\}^e t\,dx\,dy \tag{6-44}$$

注意虚位移是任意的，所以等式两边与虚位移相乘的项应保持相等，即

$$\{R\}^e = [B]^T[D][B]t\,dx\,dy\{\delta\}^e \tag{6-45}$$

令 $[k]^e = [B]^T[D][B]t\,dx\,dy$

则有

$$\{R\}^e = [k]^e\{\delta\}^e \tag{6-46}$$

上式 $[k]^e$ 就是单元刚度矩阵，用于描述单元的节点力和节点位移之间的关系。对于三角形常应变单元，$[B]$ 矩阵中的元素为常量；如果单元的材料是均质的，那么矩阵 $[D]$ 中的元素就是常量。当单元的厚度也是常量时，可以简化为

$$[k]^e = [B]^T[D][B]t\Delta \tag{6-47}$$

与前面讨论过的情况类似，单元刚度矩阵 $[k]$ 中任一列的元素分别等于该单元的某个节点沿坐标方向发生单位位移时，在各节点上所引起的节点力。单元的刚度取决于单元的大小、方向和弹性常数，而与单元的位置无关，即不随单元或坐标轴的平行移动而改变。

将式（6-47）写成分块形式，即可得到平面应力问题中三角形单元的刚度矩阵：

$$[k]^e = \begin{bmatrix} B_i^T \\ B_j^T \\ B_m^T \end{bmatrix} [D][B_i \quad B_j \quad B_m]t\Delta = \begin{bmatrix} k_{ii} & k_{ij} & k_{im} \\ k_{ji} & k_{jj} & k_{jm} \\ k_{mi} & k_{mj} & k_{mm} \end{bmatrix} \tag{6-48}$$

式中

$$[\boldsymbol{k}_{rs}] = [\boldsymbol{B}_r]^{\mathrm{T}}[\boldsymbol{D}][\boldsymbol{B}_s]t\Delta = \frac{Et}{4(1-\mu^2)\Delta}\begin{bmatrix} b_rb_s + \dfrac{1-\mu}{2}c_rc_s & \mu b_rc_s + \dfrac{1-\mu}{2}c_rb_s \\ \mu c_rb_s + \dfrac{1-\mu}{2}b_rc_s & c_rc_s + \dfrac{1-\mu}{2}b_rb_s \end{bmatrix}$$

$$(6\text{-}49)$$

$$(r = i、j、m；s = i、j、m)$$

对于平面应变问题，只要将上式中的 E 换成 $E/(1-\mu^2)$，μ 换成 $\mu/(1-\mu)$ 即可，对应有

$$[\boldsymbol{k}_{rs}] = \frac{E(1-\mu)t}{4(1+\mu)(1-2\mu)\Delta}\begin{bmatrix} b_rb_s + \dfrac{1-2\mu}{2(1-\mu)}c_rc_s & \dfrac{\mu}{1-\mu}b_rc_s + \dfrac{1-2\mu}{2(1-\mu)}c_rb_s \\ \dfrac{\mu}{1-\mu}c_rb_s + \dfrac{1-2\mu}{2(1-\mu)}b_rc_s & c_rc_s + \dfrac{1-2\mu}{2(1-\mu)}b_rb_s \end{bmatrix}$$

$$(6\text{-}50)$$

$$(r = i、j、m；s = i、j、m)$$

6.3.6 等效节点荷载

为了简化每个单元的受力情况，通常需要将单元内的荷载向单元节点进行移置并成为等效节点荷载。对于变形体（包括弹性体在内），一般按静力等效原则进行，即要求原荷载与节点等效荷载在任何虚位移上所做的虚功都相等。在一定的位移模式之下，这样的移置结果是唯一的。

假设三角形单元 Δijm 内在任一点 $M(x，y)$ 处受有集中荷载 $\{\boldsymbol{P}\} = [P_x，P_y]^{\mathrm{T}}$，将其向节点进行移置，对应地等效节点荷载表示为

$$\{\boldsymbol{R}\}^{\mathrm{e}} == [X_i \quad Y_i \quad X_j \quad Y_j \quad X_m \quad Y_m]^{\mathrm{T}} \tag{6-51}$$

假设单元发生了虚位移，M 点相应虚位移为

$$\{\boldsymbol{f}^*\} = [u^* \quad v^*]^{\mathrm{T}} \tag{6-52}$$

单元内各节点虚位移为

$$\{\boldsymbol{\delta}^*\}^{\mathrm{e}} = [u_i^* \quad v_i^* \quad u_j^* \quad v_j^* \quad u_m^* \quad v_m^*]^{\mathrm{T}} \tag{6-53}$$

按照静力等效原则，原荷载与等效节点荷载在上述虚位移上的虚功应保持相等，即要求

$$(\{\boldsymbol{\delta}^*\}^{\mathrm{e}})^{\mathrm{T}}\{\boldsymbol{R}\}^{\mathrm{e}} = \{\boldsymbol{f}^*\}^{\mathrm{T}}\boldsymbol{P} = ([\boldsymbol{N}]\{\boldsymbol{\delta}^*\}^{\mathrm{e}})^{\mathrm{T}}\boldsymbol{P} = (\{\boldsymbol{\delta}^*\}^{\mathrm{e}})^{\mathrm{T}}[\boldsymbol{N}]^{\mathrm{T}}\boldsymbol{P} \tag{6-54}$$

由于虚位移具有任意性，因此有

$$\{\boldsymbol{R}\}^{\mathrm{e}} = [\boldsymbol{N}]^{\mathrm{T}}\boldsymbol{P} \tag{6-55}$$

即

$$\{\boldsymbol{R}\}^{\mathrm{e}} = [X_i \quad Y_i \quad X_j \quad Y_j \quad X_m \quad Y_m]^{\mathrm{T}} = [N_iP_x \quad N_iP_y \quad N_jP_x \quad N_jP_y \quad N_mP_x \quad N_mP_y]^{\mathrm{T}}$$

$$(6\text{-}56)$$

式中 N_i、N_j、N_m——分别为形函数分量在 M 点的对应值。

设上述单元受有分布体力 $\{\boldsymbol{p}\} = [X \quad Y]^{\mathrm{T}}$，可将微分体积 $t\mathrm{d}x\mathrm{d}y$ 上的体力 $\{\boldsymbol{p}\}t\mathrm{d}x\mathrm{d}y$ 当作集中荷载 P，利用式（6-55）积分可得

$$\{\boldsymbol{R}\}^{\mathrm{e}} = t\iint_A [\boldsymbol{N}]^{\mathrm{T}}\{\boldsymbol{p}\}\mathrm{d}x\mathrm{d}y \tag{6-57}$$

展开后，有

$$\{\boldsymbol{R}\}^{e} = [X_i \quad Y_i \quad X_j \quad Y_j \quad X_m \quad Y_m]^{\mathrm{T}}$$

$$= t \iint_A [N_i X \quad N_i Y \quad N_j X \quad N_j Y \quad N_m X \quad N_m Y]^{\mathrm{T}} \mathrm{d}x \mathrm{d}y \tag{6-58}$$

设三角形单元 $\triangle ijm$ 某一侧边（考虑厚度实际为一侧面）受有分布面力 $\{\overline{\boldsymbol{p}}\} = [\overline{X} \quad \overline{Y}]^{\mathrm{T}}$，可将微分体侧面 $t\mathrm{d}s$ 上的面力 $\{\overline{\boldsymbol{p}}\}t\mathrm{d}s$ 当作集中荷载 P，利用式（6-55）积分可得

$$\{\boldsymbol{R}\}^{e} = t \int_s [\boldsymbol{N}]^{\mathrm{T}} \{\overline{\boldsymbol{p}}\} \mathrm{d}s \tag{6-59}$$

展开后

$$\{\boldsymbol{R}\}^{e} = [X_i \quad Y_i \quad X_j \quad Y_j \quad X_m \quad Y_m]^{\mathrm{T}}$$

$$= t \int_s [N_i \overline{X} \quad N_i \overline{Y} \quad N_j \overline{X} \quad N_j \overline{Y} \quad N_m \overline{X} \quad N_m \overline{Y}]^{\mathrm{T}} \mathrm{d}s \tag{6-60}$$

将三种情况叠加，可得计算等效节点荷载的一般表达式为

$$\{\boldsymbol{R}\}^{e} = [\boldsymbol{N}]^{\mathrm{T}} P + t \iint_A [\boldsymbol{N}]^{\mathrm{T}} \{\boldsymbol{p}\} \mathrm{d}x \mathrm{d}y + t \int_s [\boldsymbol{N}]^{\mathrm{T}} \{\overline{\boldsymbol{p}}\} \mathrm{d}s \tag{6-61}$$

在计算单元等效节点荷载的过程中，由于可能出现多重积分，运算比较复杂，这时可利用行列式性质、形函数性质以及物体体积公式、图形面积公式等，进行简化计算。譬如根据形函数性质，有

$$(N_i)_i = 1 \quad (N_i)_j = 0 \quad (N_i)_m = 0 \tag{6-62}$$

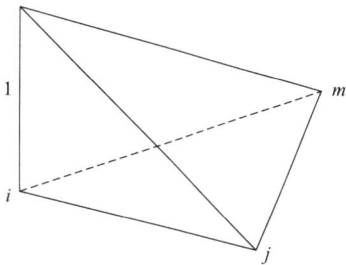

图 6-8　形函数分量分布

据此可知，N_i 分布如图 6-8 所示，在 ij 和 im 两边的中点处 $N_i = 1/2$，而在 $\triangle ijm$ 形心处 $N_i = 1/3$。

进一步结合三棱锥体积公式和三角形面积公式，有

$$\iint_A N_i \mathrm{d}x \mathrm{d}y = \frac{A}{3} \tag{6-63}$$

$$\int_{ij} N_i \mathrm{d}s = \frac{1}{2} \overline{ij} \tag{6-64}$$

$$\int_{ij} N_m \mathrm{d}s = 0 \tag{6-65}$$

式中　$\overline{ij}$——ij 边长度。

下面举例说明三角形单元等效节点荷载的处理过程。

1. 单元自重

单元自重属于体积力，下式为单元体积力的等效节点力计算公式：

$$\{\boldsymbol{F}_V\}^{e} = \iint_A [\boldsymbol{N}]^{\mathrm{T}} \{\boldsymbol{\rho}_V\} t \mathrm{d}x \mathrm{d}y \tag{6-66}$$

设图 6-9 所示三角形单元 ijm 的厚度为 t，重度为 γ，自重沿 y 轴负方向，故有

$$\{\boldsymbol{\rho}_V\} = \begin{Bmatrix} 0 \\ -\gamma \end{Bmatrix} \tag{6-67}$$

根据式（6-66），单元的节点力为

$$\{\boldsymbol{F}_V\}^{e} = t \iint_A \begin{bmatrix} N_i & 0 & N_j & 0 & N_m & 0 \\ 0 & N_i & 0 & N_j & 0 & N_m \end{bmatrix}^{\mathrm{T}} \mathrm{d}x \mathrm{d}y \begin{Bmatrix} 0 \\ -\gamma \end{Bmatrix} \tag{6-68}$$

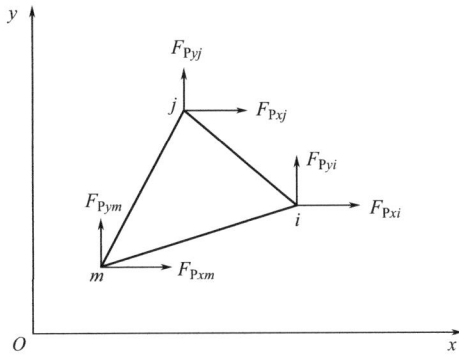

图 6-9　受自重载荷的三角形单元

注意形函数的性质，有

$$\iint_A N_i \,\mathrm{d}x\,\mathrm{d}y = \frac{A}{3}$$ (6-69)

得

$$v_i = 0$$ (6-70)

$$\{\boldsymbol{F}_V\}^{\mathrm{e}} = t\iint_A \begin{bmatrix} \dfrac{A}{3} & 0 & \dfrac{A}{3} & 0 & \dfrac{A}{3} & 0 \\[2mm] 0 & \dfrac{A}{3} & 0 & \dfrac{A}{3} & 0 & \dfrac{A}{3} \end{bmatrix}^{\mathrm{T}} \begin{Bmatrix} 0 \\ -\gamma \end{Bmatrix} = -\frac{1}{3}\gamma t A\begin{bmatrix} 0 & 1 & 0 & 1 & 0 & 1 \end{bmatrix}^{\mathrm{T}}$$ (6-71)

上式表明，受自重载荷情形的等效节点力为单元重量的 1/3。

2. 边界上作用分布力

设单元 ijm 边界上作用了均匀的分布力，如图 6-10 所示。

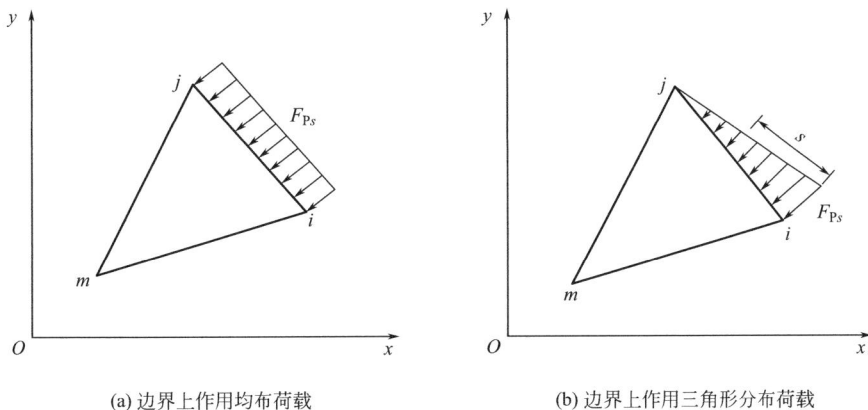

(a) 边界上作用均布荷载　　　　　　　　(b) 边界上作用三角形分布荷载

图 6-10　边界上作用分布荷载

图 6-10（a）所示为在边界上作用均布荷载，图 6-10（b）所示为在边界上作用三角形分布荷载。无论边界上作用的是何种分布载荷，甚至是集中荷载（非节点荷载），均可按静力等效的原则化为等效节点力。

对于图 6-10（a）所示均布荷载，其等效节点力为

$$\left[\boldsymbol{F}_{\mathrm{Ps}}\right]^{\mathrm{e}} = \begin{bmatrix} \boldsymbol{F}_{\mathrm{P}si} \\ \boldsymbol{F}_{\mathrm{P}sj} \\ \boldsymbol{F}_{\mathrm{P}sm} \end{bmatrix} = \frac{tl}{2} \begin{bmatrix} F_{\mathrm{P}sx} & F_{\mathrm{P}sy} \\ F_{\mathrm{P}sx} & F_{\mathrm{P}sy} \\ 0 & 0 \end{bmatrix} \tag{6-72}$$

式中，l 表示三角形单元边 ij 的长度。

上式相当于把作用在 ij 边上的表面力（面积变为线）按静力等效平均分配到两端的节点上。

对于图 6-10（b）所示三角形分布载荷，则有

$$\left[\boldsymbol{F}_{\mathrm{Ps}}\right]^{\mathrm{e}} = \begin{bmatrix} \boldsymbol{F}_{\mathrm{P}si} \\ \boldsymbol{F}_{\mathrm{P}sj} \\ \boldsymbol{F}_{\mathrm{P}sm} \end{bmatrix} = \frac{tl}{2} \begin{bmatrix} \dfrac{2}{3}F_{\mathrm{P}sx} & \dfrac{2}{3}F_{\mathrm{P}sy} \\ \dfrac{1}{3}F_{\mathrm{P}sx} & \dfrac{1}{3}F_{\mathrm{P}sy} \\ 0 & 0 \end{bmatrix} \tag{6-73}$$

这相当于将总载荷的 $2/3$ 分配给 i 点，$1/3$ 分配给 j 点。

6.3.7 整体刚度矩阵

讨论单元的力学特性之后，就可转入结构的整体分析。假设结构被划分为 N 个单元和 n 个节点，对每个单元按前述方法进行分析计算，便可得到 N 组单元方程。将这些方程联合起来，就能得到描述整个结构的平衡关系式。

为此，先引入整个弹性体的节点位移向量 $\{\boldsymbol{\delta}\}_{2n\times1}$。它是由各节点位移按节点码从小到大的顺序排列而成，即

$$\{\boldsymbol{\delta}\}_{2n\times1} = \begin{bmatrix} \boldsymbol{\delta}_1^{\mathrm{T}} & \boldsymbol{\delta}_2^{\mathrm{T}} & \cdots & \boldsymbol{\delta}_n^{\mathrm{T}} \end{bmatrix}^{\mathrm{T}} \tag{6-74}$$

式中，子矩阵 $\{\boldsymbol{\delta}_i\} = \begin{bmatrix} u_i & v_i \end{bmatrix}^{\mathrm{T}} (i=1,2,\cdots,n)$ 是节点 i 的位移分量。

继而再引入整个弹性体的载荷向量 $\{\boldsymbol{R}\}_{2n\times1}$。它是移置到节点上的等效节点载荷按照节点码从小到大的顺序排列而成，即

$$\{\boldsymbol{R}\}_{2n\times1} = \begin{bmatrix} \boldsymbol{R}_1^{\mathrm{T}} & \boldsymbol{R}_2^{\mathrm{T}} & \cdots & \boldsymbol{R}_n^{\mathrm{T}} \end{bmatrix}^{\mathrm{T}} \tag{6-75}$$

式中，子矩阵 $\{\boldsymbol{R}_i\} = \begin{bmatrix} X_i & Y_i \end{bmatrix}^{\mathrm{T}} = \begin{bmatrix} \displaystyle\sum_{h=1}^{N} U_i^{eh} & \displaystyle\sum_{h=1}^{N} V_i^{eh} \end{bmatrix}^{\mathrm{T}} (i=1,2,\cdots,n)$ 是节点 i 上的等效节点载荷。

现将各单元的节点力向量 $\{\boldsymbol{R}\}_{6\times1}^{\mathrm{e}}$ 加以扩充，使之成为 $2n\times1$ 阶向量，即

$$\{\boldsymbol{R}\}_{2n\times1}^{\mathrm{e}} = \begin{bmatrix} 1 & & i & & j & & m & & n \\ \cdots & \cdots & (\boldsymbol{R}_i^{\mathrm{e}})^{\mathrm{T}} & \cdots & (\boldsymbol{R}_j^{\mathrm{e}})^{\mathrm{T}} & \cdots & (\boldsymbol{R}_m^{\mathrm{e}})^{\mathrm{T}} & \cdots & \cdots \end{bmatrix}^{\mathrm{T}} \tag{6-76}$$

其中子矩阵 $\{\boldsymbol{R}_i^{\mathrm{e}}\} = \begin{bmatrix} U_i^{\mathrm{e}} & V_i^{\mathrm{e}} \end{bmatrix}^{\mathrm{T}} (i,j,m$ 轮换$)$ 是单元节点 i 上的等效节点力，省略号位置处的元素均为零。此处假定 i,j,m 的次序也是按从小到大的顺序排列的，分块矩阵符号上面的 i,j,m 分别表示分块矩阵所占的列位置。

各单元的节点力向量经过这样的扩充之后，就可以直接进行代数和计算。如果把全部单元的节点力向量叠加在一起，便可得到前述结构的等效节点载荷，即

$$\{\boldsymbol{R}\} = \sum_{h=1}^{N} \{\boldsymbol{R}\}^{eh} = \begin{bmatrix} \boldsymbol{R}_1^{\mathrm{T}} & \boldsymbol{R}_2^{\mathrm{T}} & \cdots & \boldsymbol{R}_n^{\mathrm{T}} \end{bmatrix}^{\mathrm{T}} \tag{6-77}$$

同样，单元刚度矩阵也可以按照整体刚度矩阵阶数进行扩阶。将单元刚度矩阵的六阶方阵 $[\boldsymbol{k}]^e$ 加以扩充，使之成为如下的 $2n$ 阶方阵。

$$[\boldsymbol{k}]^e_{2n\times 2n} = \begin{bmatrix} \cdots & & \cdots & & \cdots & & \cdots & & \cdots \\ \vdots & & \vdots & & \vdots & & \vdots & & \vdots \\ \cdots & \cdots & \boldsymbol{k}_{ii} & \cdots & \boldsymbol{k}_{ij} & \cdots & \boldsymbol{k}_{im} & \cdots & \cdots \\ \vdots & & \vdots & & \vdots & & \vdots & & \vdots \\ \cdots & \cdots & \boldsymbol{k}_{ji} & \cdots & \boldsymbol{k}_{jj} & \cdots & \boldsymbol{k}_{jm} & \cdots & \cdots \\ \vdots & & \vdots & & \vdots & & \vdots & & \vdots \\ \cdots & \cdots & \boldsymbol{k}_{mi} & \cdots & k_{mj} & \cdots & \boldsymbol{k}_{mm} & \cdots & \cdots \\ \vdots & & \vdots & & \vdots & & \vdots & & \vdots \\ \cdots & & \cdots & & \cdots & & \cdots & & \cdots \end{bmatrix} \begin{matrix} 1 \\ \vdots \\ i \\ \vdots \\ j \\ \vdots \\ m \\ \vdots \\ n \end{matrix} \tag{6-78}$$

不难看出，上式中的子矩阵 $[\boldsymbol{k}_{ij}]$ 将处于第 i 行、第 j 列。待 $[\boldsymbol{k}]^e$ 扩充以后，除了 i、j、m 对应的行列处有子矩阵以外，其余元素均为零。

单元节点位移向量 $\{\boldsymbol{\delta}\}^e_{6\times 1}$ 也可采用类似的方法进行扩阶处理，但节点位移向量 $\{\boldsymbol{\delta}\}^e_{2n\times 1}$ 无须进行代数求和，一般可直接用整体结构的节点位移向量 $\{\boldsymbol{\delta}\}_{2n\times 1}$ 来替代。

这样，单元的节点力和节点位移之间关系的刚度方程，可改写为

$$[\boldsymbol{k}]^e_{2n\times 1}\{\boldsymbol{\delta}\}_{2n\times 1} = \{\boldsymbol{R}\}^e_{2n\times 1} \tag{6-79}$$

将上式对应的 N 个单元刚度方程进行求和叠加，可得

$$\left(\sum_{h=1}^{N}[\boldsymbol{k}]^{eh}\right)\{\boldsymbol{\delta}\} = \sum_{h=1}^{N}\{\boldsymbol{R}\}^{eh} \tag{6-80}$$

上式左边小括号中表示对结构所有的单元刚度矩阵求和，对应获得的矩阵就是结构的整体刚度矩阵，记为 $[\boldsymbol{K}]$。根据单元刚度矩阵的一般表达式，有

$$[\boldsymbol{K}] = \sum_{h=1}^{N}[\boldsymbol{k}]^{eh} = \sum_{h=1}^{N}[\boldsymbol{B}]^{\mathrm{T}}[\boldsymbol{D}][\boldsymbol{B}]t\,\mathrm{d}x\,\mathrm{d}y \tag{6-81}$$

进一步写成分块矩阵的形式，有

$$[\boldsymbol{K}] = \begin{bmatrix} \boldsymbol{K}_{11} & \cdots & \boldsymbol{K}_{1i} & \cdots & \boldsymbol{K}_{1j} & \cdots & \boldsymbol{K}_{1m} & \cdots & \boldsymbol{K}_{1n} \\ \vdots & & \vdots & & \vdots & & \vdots & & \vdots \\ \boldsymbol{K}_{i1} & \cdots & \boldsymbol{K}_{ii} & \cdots & \boldsymbol{K}_{ij} & \cdots & \boldsymbol{K}_{im} & \cdots & \boldsymbol{K}_{in} \\ \vdots & & \vdots & & \vdots & & \vdots & & \vdots \\ \boldsymbol{K}_{j1} & \cdots & \boldsymbol{K}_{ji} & \cdots & \boldsymbol{K}_{jj} & \cdots & \boldsymbol{K}_{jm} & \cdots & \boldsymbol{K}_{jn} \\ \vdots & & \vdots & & \vdots & & \vdots & & \vdots \\ \boldsymbol{K}_{m1} & \cdots & \boldsymbol{K}_{mi} & \cdots & \boldsymbol{K}_{mj} & \cdots & \boldsymbol{K}_{mm} & \cdots & \boldsymbol{K}_{mn} \\ \vdots & & \vdots & & \vdots & & \vdots & & \vdots \\ \boldsymbol{K}_{n1} & \cdots & \boldsymbol{K}_{ni} & \cdots & \boldsymbol{K}_{nj} & \cdots & \boldsymbol{K}_{nm} & \cdots & \boldsymbol{K}_{nn} \end{bmatrix} \tag{6-82}$$

式中，子矩阵为 $[\boldsymbol{K}_{rs}]_{2\times 2} = \sum\limits_{h=1}^{N}[\boldsymbol{k}_{rs}]$。

它是单元刚度矩阵扩充到 $2n\times 2n$ 阶之后，在同一位置上所有单元的子矩阵之和。由于

扩阶单元刚度矩阵中许多位置上的子矩阵都是零，所以上式不必对全部单元求和，只有当 $[k_{rs}]$ 的下标 $r=s$ 或者属于同一个单元的节点号码时，$[k_{rs}]$ 才可能不等于零，否则均为零。

综上所述，结构的整体刚度方程包含 $2n$ 个线性方程，一般矩阵表达式为

$$[K]\{\pmb{\delta}\}=\{\pmb{R}\} \tag{6-83}$$

6.4 矩阵双线性单元

在平面问题中，矩形单元也是一种常见的离散化单元形式。由于它采用的位移模式中多项式次数比常应变三角形单元更高，所以在单元数量相同的情况下可以更好地反映结构的受力或者变形情况。

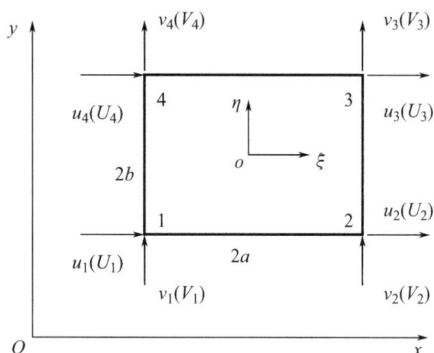

图 6-11 矩形单元

6.4.1 矩形单元坐标变换

假设在图 6-11 所示矩形单元 1234 中，矩形边长分别为 $2a$ 和 $2b$，两边分别平行于 x 轴和 y 轴。若取该矩形的四个角点为节点，因为每个节点位移有两个分量，所以矩形单元共有 8 个自由度。采用与三角形单元类似的方法，同样可以完成对这种单元的力学特性分析。由于矩形单元节点数量较多，可引入一个局部坐系 ξ、η，如图 6-12 所示，从而有助于获得形式更为简洁的分析结果。

为不失一般性，取矩形单元的形心 $(x_0，y_0)$ 为局部坐标系的原点，ξ 和 η 轴分别与整体坐标轴 x 和 y 轴平行。在整体坐标系和局部坐标系之间，存在以下的坐标变换关系。

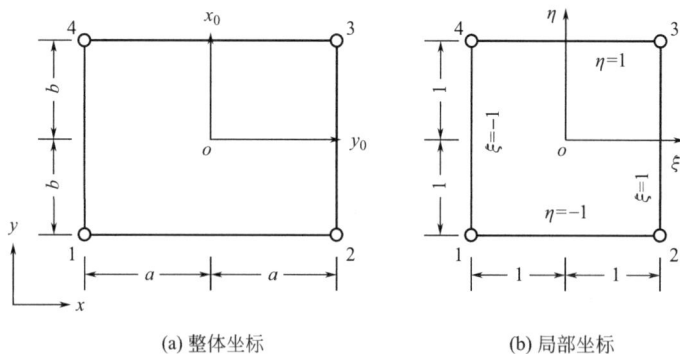

(a) 整体坐标   (b) 局部坐标

图 6-12 矩形双线性单元

$$x=x_0+a\xi，y=y_0+b\eta \tag{6-84}$$

式中

$$\left.\begin{aligned} x_0&=(x_1+x_2)/2=(x_3+x_4)/2 \\ y_0&=(y_2+y_3)/2=(y_1+y_4)/2 \\ a&=(x_2+x_1)/2=(x_4+x_3)/2 \\ b&=(y_3+y_2)/2=(y_4+y_1)/2 \end{aligned}\right\} \tag{6-85}$$

式中 x_i，y_i——节点 i 的整体坐标，$i=1$，2，3，4。

一般可通过单元局部坐标系建立位移模式，这样形式更为简明。选取的单元位移模式如下：

$$\left.\begin{array}{l} u=a_1+a_2\xi+a_3\eta+a_4\xi\eta \\ v=a_5+a_6\xi+a_7\eta+a_8\xi\eta \end{array}\right\} \tag{6-86}$$

在局部坐标系中，节点 i 的坐标是 $(\xi_i，\eta_i)$，其值分别为 ±1。将节点的局部坐标值和节点位移分量代入上式，可获得两组四元联立方程。由此可求解出位移模式中的 8 个未知参数 a_1，a_2，…，a_8，代回原式，便可得到用节点位移插值表示的位移模式，形式如下：

$$\left.\begin{array}{l} u=\sum_{i=1}^{4}N_iu_i \\ v=\sum_{i=1}^{4}N_iv_i \end{array}\right\} \tag{6-87}$$

在上式中，形函数分量

$$N_i=(1+\xi_0)(1+\eta_0)/4 \tag{6-88}$$

式中，$\xi_0=\xi_i\xi$，$\eta_0=\eta_i\eta$，$i=1$，2，3，4。

将式（6-87）改写成矩阵或向量表达的形式，有

$$\{\boldsymbol{f}\}=\left\{\begin{array}{c}u\\v\end{array}\right\}=\sum[N]_i\{\delta_i\} \tag{6-89}$$

$$[\boldsymbol{N}]_i=N_i[\boldsymbol{I}]，\ [\boldsymbol{I}]=\begin{bmatrix}1&0\\0&1\end{bmatrix}，\ \{\boldsymbol{\delta}_i\}=\left\{\begin{array}{c}u_i\\v_i\end{array}\right\}(i=1，2，3，4) \tag{6-90}$$

由几何方程可以求得单元的应变：

$$\{\boldsymbol{\varepsilon}\}=\left\{\begin{array}{c}\varepsilon_x\\\varepsilon_y\\\gamma_{xy}\end{array}\right\}=\left\{\begin{array}{c}\dfrac{\partial u}{\partial x}\\[6pt]\dfrac{\partial v}{\partial y}\\[6pt]\dfrac{\partial u}{\partial y}+\dfrac{\partial v}{\partial x}\end{array}\right\}=\left\{\begin{array}{c}\dfrac{1}{a}\dfrac{\partial u}{\partial \xi}\\[6pt]\dfrac{1}{b}\dfrac{\partial v}{\partial \eta}\\[6pt]\dfrac{1}{b}\dfrac{\partial u}{\partial \eta}+\dfrac{1}{a}\dfrac{\partial v}{\partial \xi}\end{array}\right\}=\dfrac{1}{ab}\left\{\begin{array}{c}b\dfrac{\partial u}{\partial \xi}\\[6pt]a\dfrac{\partial v}{\partial \eta}\\[6pt]a\dfrac{\partial u}{\partial \eta}+b\dfrac{\partial v}{\partial \xi}\end{array}\right\} \tag{6-91}$$

将式（6-87）代入，得

$$\{\boldsymbol{\varepsilon}\}=\begin{bmatrix}\boldsymbol{B}_1&\boldsymbol{B}_2&\boldsymbol{B}_3&\boldsymbol{B}_4\end{bmatrix}\{\boldsymbol{\delta}\}^e \tag{6-92}$$

式中，$$[\boldsymbol{B}_i]=\dfrac{1}{ab}\begin{bmatrix}b\dfrac{\partial N_i}{\partial \xi}&0\\[6pt]0&a\dfrac{\partial N_i}{\partial \eta}\\[6pt]a\dfrac{\partial N_i}{\partial \eta}&b\dfrac{\partial N_i}{\partial \xi}\end{bmatrix}=\dfrac{1}{4ab}\begin{bmatrix}b\xi_i(1+\eta_0)&0\\[6pt]0&a\eta_i(1+\xi_0)\\[6pt]a\eta_i(1+\xi_0)&b\xi_i(1+\eta_0)\end{bmatrix}$$

由胡克定律可以得出用节点位移表示的单元应力，即

$$\{\boldsymbol{\sigma}\}=[\boldsymbol{D}]\{\boldsymbol{\varepsilon}\}=\begin{bmatrix}\boldsymbol{S}_1&\boldsymbol{S}_2&\boldsymbol{S}_3&\boldsymbol{S}_4\end{bmatrix}\{\boldsymbol{\delta}\}^e \tag{6-93}$$

式中，$[\boldsymbol{S}_i]=[\boldsymbol{D}][\boldsymbol{B}_i](i=1，2，3，4)$。 $\tag{6-94}$

6.4.2 矩形单元处理平面问题

对于平面应力问题，在式（6-94）中代入弹性矩阵，有

$$[\boldsymbol{S}_i] = \frac{E}{4ab(1-\mu^2)} \begin{bmatrix} b\xi_i(1+\eta_0) & \mu a\eta_i(1+\xi_0) \\ \mu b\xi_i(1+\eta_0) & a\eta_i(1+\xi_0) \\ \dfrac{1-\mu}{2}a\eta_i(1+\xi_0) & \dfrac{1-\mu}{2}b\xi_i(1+\eta_0) \end{bmatrix} \qquad (6\text{-}95)$$

若将单元刚度矩阵写成分块形式

$$[\boldsymbol{k}] = \begin{bmatrix} \boldsymbol{k}_{11} & \boldsymbol{k}_{12} & \boldsymbol{k}_{13} & \boldsymbol{k}_{14} \\ \boldsymbol{k}_{21} & \boldsymbol{k}_{22} & \boldsymbol{k}_{23} & \boldsymbol{k}_{24} \\ \boldsymbol{k}_{31} & \boldsymbol{k}_{32} & \boldsymbol{k}_{33} & \boldsymbol{k}_{34} \\ \boldsymbol{k}_{41} & \boldsymbol{k}_{42} & \boldsymbol{k}_{43} & \boldsymbol{k}_{44} \end{bmatrix} \qquad (6\text{-}96)$$

式中的子矩阵可按下式进行计算：

$$[\boldsymbol{k}_{ij}] = [\boldsymbol{B}_i]^{\mathrm{T}}[\boldsymbol{D}][\boldsymbol{B}_j]t\,\mathrm{d}x\,\mathrm{d}y \qquad (6\text{-}97)$$

如果单元厚度 t 是常量，则

$$[\boldsymbol{k}_{ij}] = tab\int_{-1}^{1}\int_{-1}^{1}[\boldsymbol{B}_i]^{\mathrm{T}}[\boldsymbol{S}_j]\mathrm{d}\xi\mathrm{d}\eta$$

$$= \frac{Et}{4(1-\mu^2)} \begin{bmatrix} \dfrac{b}{a}\xi_i\xi_j\left(1+\dfrac{1}{3}\eta_i\eta_j\right)+\dfrac{1-\mu}{2}\dfrac{a}{b}\eta_i\eta_j\left(1+\dfrac{1}{3}\xi_i\xi_j\right) & \mu\xi_i\eta_j+\dfrac{1-\mu}{2}\eta_i\xi_j \\ \mu\eta_i\xi_j+\dfrac{1-\mu}{2}\xi_i\eta_j & \dfrac{a}{b}\eta_i\eta_j\left(1+\dfrac{1}{3}\xi_i\xi_j\right)+\dfrac{1-\mu}{2}\dfrac{b}{a}\xi_i\xi_j\left(1+\dfrac{1}{3}\eta_i\eta_j\right) \end{bmatrix}$$

$$(6\text{-}98)$$

同样，对于平面应变问题，只要将上式中的 E 换成 $E/(1-\mu^2)$，μ 换成 $\mu/(1-\mu)$ 即可。

矩形单元中等效节点荷载的处理类似常应变三角形单元，但单元的节点数和自由度发生了变化，对应的等效节点荷载分量个数随之改变。为了简化矩形单元的受力情况，可将单元内部的荷载向单元节点进行移置，成为等效节点荷载。

假设矩形单元内在任一点 $M(x,y)$ 处受有集中荷载 $\{\boldsymbol{P}\}=[P_x \quad P_y]^{\mathrm{T}}$，将其向节点进行移置，对应的等效节点荷载表示为

$$\{\boldsymbol{R}\}^e = [X_1 \quad Y_1 \quad X_2 \quad Y_2 \quad X_3 \quad Y_3 \quad X_4 \quad Y_4]^{\mathrm{T}} \qquad (6\text{-}99)$$

假设单元发生了虚位移，M 点相应虚位移为

$$\{\boldsymbol{f}^*\} = [u^* \quad v^*]^{\mathrm{T}} \qquad (6\text{-}100)$$

单元内各节点虚位移为

$$\{\boldsymbol{\delta}^*\}^e = [u_1^* \quad v_1^* \quad u_2^* \quad v_2^* \quad u_3^* \quad v_3^* \quad u_4^* \quad v_4^*]^{\mathrm{T}} \qquad (6\text{-}101)$$

按照静力等效原则，原荷载与等效节点荷载在上述虚位移上的虚功应保持相等，即要求

$$(\{\boldsymbol{\delta}^*\}^e)^{\mathrm{T}}\{\boldsymbol{R}\}^e = \{\boldsymbol{f}^*\}^{\mathrm{T}}\boldsymbol{P} = ([\boldsymbol{N}]\{\boldsymbol{\delta}^*\}^e)^{\mathrm{T}}\boldsymbol{P} = (\{\boldsymbol{\delta}^*\}^e)^{\mathrm{T}}[\boldsymbol{N}]^{\mathrm{T}}\boldsymbol{P} \qquad (6\text{-}102)$$

由于虚位移具有任意性，因此有

$$\{\boldsymbol{R}\}^e = [\boldsymbol{N}]^{\mathrm{T}}\boldsymbol{P} \qquad (6\text{-}103)$$

即

$$\{\boldsymbol{R}\}^e = [X_i \quad Y_i \quad X_j \quad Y_j \quad X_m \quad Y_m]^{\mathrm{T}} = [N_iP_x \quad N_iP_y \quad N_jP_x \quad N_jP_y \quad N_mP_x \quad N_mP_y]^{\mathrm{T}}$$

$$(6\text{-}104)$$

式中 N_i、N_j、N_m——分别为形函数分量在 M 点的对应值。

设上述单元受有分布体力 $\{p\}=[X \quad Y]^T$，可将微分体积 $t\,\mathrm{d}x\,\mathrm{d}y$ 上的体力 $\{p\}t\,\mathrm{d}x\,\mathrm{d}y$ 当作集中荷载 P，利用式（6-103）积分可得

$$\{\boldsymbol{R}\}^e = t\iint_A [\boldsymbol{N}]^T\{\boldsymbol{p}\}\mathrm{d}x\,\mathrm{d}y \tag{6-105}$$

展开后，有

$$\begin{aligned}
\{\boldsymbol{R}\}^e &= [X_1 \quad Y_1 \quad X_2 \quad Y_2 \quad X_3 \quad Y_3 \quad X_4 \quad Y_4]^T \\
&= t\iint_A [N_1 P_x \quad N_1 P_y \quad N_2 P_x \quad N_2 P_y \quad N_3 P_x \quad N_3 P_y \quad N_4 P_x \quad N_4 P_y]^T\mathrm{d}x\,\mathrm{d}y \\
&= t\iint_{A'} [N_1 P_x \quad N_1 P_y \quad N_2 P_x \quad N_2 P_y \quad N_3 P_x \quad N_3 P_y \quad N_4 P_x \quad N_4 P_y]^T ab\,\mathrm{d}\xi\,\mathrm{d}\eta
\end{aligned}$$

$$\tag{6-106}$$

设矩形单元某一侧边（考虑厚度实际为一侧面）受有分布面力 $\{\overline{\boldsymbol{p}}\}=[\overline{X} \quad \overline{Y}]^T$，可将微分体 $t\,\mathrm{d}s$ 上的面力 $\{\overline{\boldsymbol{p}}\}t\,\mathrm{d}s$ 当作集中荷载 P，利用式（6-103）积分可得

$$\{\boldsymbol{R}\}^e = t\int_s [\boldsymbol{N}]^T\{\overline{\boldsymbol{p}}\}\mathrm{d}s \tag{6-107}$$

展开后，有

$$\begin{aligned}
\{\boldsymbol{R}\}^e &= [X_1 \quad Y_1 \quad X_2 \quad Y_2 \quad X_3 \quad Y_3 \quad X_4 \quad Y_4]^T \\
&= t\int_s [N_1\overline{X} \quad N_1\overline{Y} \quad N_2\overline{X} \quad N_2\overline{Y} \quad N_3\overline{X} \quad N_3\overline{Y} \quad N_4\overline{X} \quad N_4\overline{Y}]^T\mathrm{d}s
\end{aligned} \tag{6-108}$$

将三种情况叠加，可得计算等效节点荷载的一般表达式为

$$\begin{aligned}
\{\boldsymbol{R}\}^e &= [\boldsymbol{N}]^T\boldsymbol{P} + t\iint_A [\boldsymbol{N}]^T\{\boldsymbol{p}\}\mathrm{d}x\,\mathrm{d}y + t\int_s [\boldsymbol{N}]^T\{\overline{\boldsymbol{p}}\}\mathrm{d}s \\
&= [\boldsymbol{N}]^T\boldsymbol{P} + t\iint_{A'} [\boldsymbol{N}]^T\{\boldsymbol{p}\}ab\,\mathrm{d}\xi\,\mathrm{d}\eta + t\int_s [\boldsymbol{N}]^T\{\overline{\boldsymbol{p}}\}\mathrm{d}s
\end{aligned} \tag{6-109}$$

需要强调的是，矩形单元有四个节点（1，2，3，4），所以 $\{\boldsymbol{R}\}^e$ 一般具有 8 个荷载分量，即

$$\{\boldsymbol{R}\}^e = [U_1 \quad V_1 \quad U_2 \quad V_2 \quad U_3 \quad V_3 \quad U_4 \quad V_4]^T \tag{6-110}$$

下面给出两种常见载荷的结果。

（1）对于单元的自重 W，移置于每个节点的载荷都等于四分之一的自重，其载荷列阵为

$$\{\boldsymbol{R}\}^e = -W\left[0 \quad \frac{1}{4} \quad 0 \quad \frac{1}{4} \quad 0 \quad \frac{1}{4} \quad 0 \quad \frac{1}{4}\right]^T \tag{6-111}$$

（2）如果单元在一个边界上受有三角形分布的表面力，且在该边界上的一个节点处为零，而另一个节点处为最大，那么可将总表面力的三分之一移置到前一个节点上，而将其三分之二移置到后一个节点上。

求得矩形单元的刚度方程和单元等效节点荷载之后，即可获得单元刚度方程，形式如下：

$$[\boldsymbol{k}]^e\{\boldsymbol{\delta}\}^e = \{\boldsymbol{R}\}^e \tag{6-112}$$

6.4.3　矩形单元对应的整体刚度方程

与常应变三角形单元一样，将各单元的刚度矩阵 $[\boldsymbol{k}]^e$、节点位移 $\{\boldsymbol{\delta}\}^e$ 和节点等效荷

载 $\{R\}^e$ 都进行必要的扩阶处理，然后再进行叠加，即可得到整个结构的整体刚度方程，即

$$[K]\{\delta\} = \{R\} \tag{6-113}$$

对比矩形单元和常应变三角形单元的位移模式可以发现，前者比后者所采用的线性位移模式中增添了 $\xi\eta$ 项（即相当于 xy 项）。矩形单元位移模式中的前三项与常应变三角形单元类似，它反映了单元的刚体位移和常应变；但是由于位移模式中存在二次项，整个单元内应变和应力将不再保持为常量。这种位移模式沿矩形单元每一条边 $\xi = \pm 1$ 或 $\eta = \pm 1$，由于一个坐标值固定不变，所以位移是线性变化的。这种沿两个方向的边界均是线性变化的位移模式称之为双线性模式。

对于这种双线性边界单元，单元内的应变分量不再是常量，这一点可以从应变矩阵 $[B]$ 的元素取值发现。由应力表达式也可以看出，矩形单元中的应力分量也同样不是常量。在单元的边界上，正应力分量 σ_x 沿 y（或者 η）方向线性变化，正应力分量 σ_y 则是沿 x（或者 ξ）方向线性变化，而剪应力分量 ε_{xy} 沿 x（或者 ξ）及 y（或者 η）两个方向都是线性变化。

总体来说，矩形单元的计算精度要比常应变三角形单元的精度高。但是，矩形单元也存在一些缺点：一是矩形单元不能适应斜交的边界或者曲线边界；二是对不同部位难以采用不同尺寸大小的单元自动进行适应匹配。至于三角形单元的精度问题，可以通过缩小单元网格尺寸有效进行解决。

6.5 平面等参数单元

对于前面提到的三角形单元和矩形单元，它们几何形状简单而又规则，这是其优点。但是缺点是要么精度低，要么难以适应复杂的边界条件。以四边形单元为例，一般的四边形单元显然比矩形单元更适用于外形复杂的结构进行离散化。对于任意四边形单元，假设仍旧采用矩形单元的位移模式，即

$$\left.\begin{aligned} u &= \alpha_1 + \alpha_2 x + \alpha_3 y + \alpha_4 xy \\ v &= \alpha_5 + \alpha_6 x + \alpha_7 y + \alpha_8 xy \end{aligned}\right\} \tag{6-114}$$

代入任一条边的直线方程

$$y = ax + b \tag{6-115}$$

将得到单元边界上的位移为二次多项式函数。这样在单元的边界上位移将不再保持线性变化。作为相邻单元的公共边，仅在该边两端节点处保持位移相同是不可能保证其边界上位移处处相等的。从力学意义上解释，仅在该边两端节点保持相连的条件下，是不可能保证其边界完全满足位移协调条件的。

为解决这一问题，出现了一类等参数单元。

6.5.1 等参数单元概念的引入

假设可以构造这样一条分析思路：将形状简单规则的母单元（标准单元），通过坐标变换，可以映射到整体坐标系中转换成具有非规则边界甚至曲线边界的子单元（实际单元）。如此处理之后，将会具有两方面的优点：一方面，母单元形状规整，计算非常方便；另一方面，子单元在几何形状上复杂多变，可以匹配适应各种实际结构的复杂外形。更进

一步，如果对母单元实施等参数变换，那么获得的子单元就称为等参数单元。

什么是等参数变换呢？即对母单元采取坐标变换时，反映单元形状变化的几何插值函数和位移模式中的位移插值函数均采用相同的数学函数，譬如二者均选用位移模式中的形函数。等参数单元在有限元分析中具有高精度和适应性强等优点，其核心在于坐标变换和位移模式所用的插值函数相同，采用相同的插值函数来同时描述单元几何形状的变化规律和单元位移场的变化规律。

等参数单元具有以下基本特征：

（1）单元性质可以是非长方形（体）的，甚至可以具有曲边或曲面；

（2）除整体坐标系外，将针对每个单元引入辅助或参考坐标系；

（3）参考坐标的作用是将实际的物理单元映射成标准的参考单元；参考单元在有限元法中称为母单元，它永远是一个正方形或立方体；

（4）等参数单元的形函数既用来进行位移场插值，也用来产生单元的几何映射；

（5）等参数单元的形函数将不再用整体坐标描述，而是参考坐标的函数：结合结点自由度，通过形函数插值可表示单元上的位移；结合结点的整体坐标，通过形函数可表示单元内任意点在整体坐标系中的位置。

等参数单元的种类比较多，常见的包括三角形等参数单元和四边形等参数单元。在四边形等参数单元中，节点的数量不局限于 4 个角点，譬如还可以包括每条边的中点；同时，边界不一定是斜线边界，还可以是曲线边界。下面主要以应用较多的一般四边形四节点等参数单元进行阐述。

6.5.2 位移模式

假设图 6-14 中的母单元与图 6-13 中的一般四边形单元之间存在几何映射关系，并且可以在二者各点之间建立起一一对应关系。由于 (ξ, η) 既是母单元的直角坐标，又是实际四边形单元的局部坐标（斜角坐标系），所以子单元可以仿照母单元建立位移模式。参考矩形双线性单元的结果，母单元中位移模式的形函数可以表述为变量 ξ 和 η 的函数，因而子单元的位移模式可表示如下：

$$u = \sum_{i=1}^{4} N_i(\xi, \eta)u_i, \quad v = \sum_{i=1}^{4} N_i(\xi, \eta)v_i \tag{6-116}$$

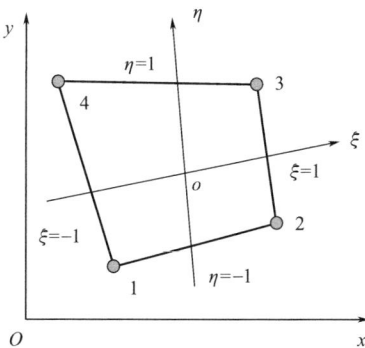

图 6-13　四边形单元

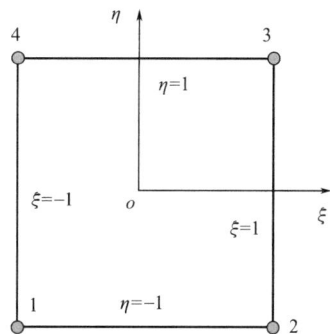

图 6-14　母单元

进一步用矩阵表示为

$$
\{f\}=\begin{Bmatrix}\boldsymbol{u}\\ \boldsymbol{v}\end{Bmatrix}=\begin{bmatrix}N_1 & 0 & N_2 & 0 & N_3 & 0 & N_4 & 0\\ 0 & N_1 & 0 & N_2 & 0 & N_3 & 0 & N_4\end{bmatrix}\begin{Bmatrix}u_1\\ v_1\\ u_2\\ v_2\\ u_3\\ v_3\\ u_4\\ v_4\end{Bmatrix}=[\boldsymbol{N}]\{\boldsymbol{\delta}\}^e \quad (6\text{-}117)
$$

式中 $(u_i,\ v_i)$——四边形单元的节点位移；

$\quad\quad N_i(\xi,\ \eta)$——用局部坐标表示的形函数。

令 $\xi_0=\xi_i\xi,\ \eta_0=\eta_i\eta\ (i=1,\ 2,\ 3,\ 4)$，有

$$
N_i=(1+\xi_0)(1+\eta_0)/4 \quad\quad\quad (6\text{-}118)
$$

6.5.3　坐标变换

母单元中的各点可用坐标 $(\xi,\ \eta)$ 表示，实际四边形单元中的各点可用整体坐标 $(x,\ y)$ 表示，必须在二者之间建立起一一映射关系。这种对应关系可以采用相应的坐标变换进行描述：

$$
x=\sum_{i=1}^{4}N_i(\xi,\ \eta)x_i,\ y=\sum_{i=1}^{4}N_i(\xi,\ \eta)y_i \quad\quad (6\text{-}119)
$$

式中 $N_i(\xi,\ \eta)$——用局部坐标表示的形函数；

$\quad\quad (x_i,\ y_i)$——节点 i 的整体坐标。

对于子单元的坐标变换式和位移模式，两者采用的形函数可以是局部坐标的一次、二次、三次甚至更高次的函数。坐标变换式是根据节点的坐标 $(x_i,\ y_i)$ 和形函数 $N_i(\xi,\ \eta)$ 来确定单元的几何形状；位移模式是根据节点的位移 $(u_i,\ v_i)$ 和形函数 $N_i(\xi,\ \eta)$ 来确定单元的位移场。如果单元坐标变换式和位移模式采用的形函数阶次相等，即用于规定单元形状的节点数等于用于规定单元位移的节点数，那么这种单元就称为等参数单元，简称等参元。在等参元中，坐标变换式和位移模式一般采用相同的节点。如果等参元中采用高阶形函数，则单元的位移模式是高阶的，且单元可以具有复杂的外形。

除等参元以外，还存在超参元和亚参元。如果单元坐标变换采用的形函数阶次高于位移模式采用的形函数阶次，即用于规定单元形状的节点数多于用于规定单元位移的节点数，这种单元就称为超参数单元，简称超参元；反之，如果单元坐标变换采用的形函数阶次低于位移模式所用的形函数阶次，这种单元就称为亚参数单元，简称亚参元。

比较子单元的位移模式（6-118）和坐标变换式（6-119），可以发现二者均采用形函数作为插值函数，故属于四边形等参数单元。

采用式（6-118）中的形函数进行坐标变换，具有以下特性：

（1）母单元的正交坐标轴 $(\xi,\ \eta)$ 映射到子单元上，变为斜角坐标系，仍记为 $(\xi,\ \eta)$。子单元对应有两种坐标系：整体坐标系 $(x,\ y)$ 和固定于单元的局部坐标系 $(\xi,\ \eta)$。

（2）母单元中某一坐标线（例如 ξ 为常数），变换后的参数方程为

$$x = a_1 + a_2\eta \quad y = b_1 + b_2\eta \tag{6-120}$$

它是整体坐标系下以 η 为参变量的直线参数方程，即映射后变为子单元中的一条斜直线。

对图 6-15 所示的单元情况，坐标变换式为

$$\left. \begin{array}{l} x = \sum N_i(\xi, \eta)x_i = \dfrac{x_1}{4}(1-\xi)(1-\eta) + \dfrac{x_2}{4}(1+\xi)(1-\eta) + \dfrac{x_3}{4}(1-\xi)(1+\eta) + \dfrac{x_4}{4}(1+\xi)(1+\eta) \\[3mm] y = \sum N_i(\xi, \eta)y_i = \dfrac{y_1}{4}(1-\xi)(1-\eta) + \dfrac{y_2}{4}(1+\xi)(1-\eta) + \dfrac{y_3}{4}(1-\xi)(1+\eta) + \dfrac{y_4}{4}(1+\xi)(1+\eta) \end{array} \right\}$$

$$\tag{6-121}$$

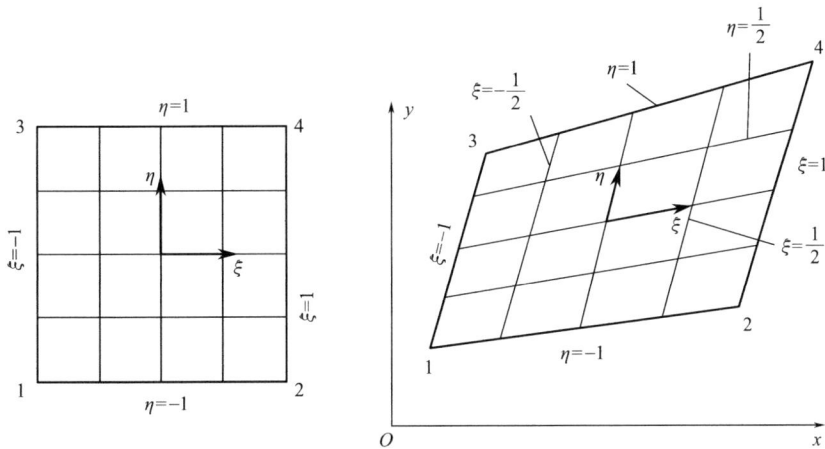

图 6-15　二维线性单元的平面坐标变换

在上式中令 $\xi = 1$，得到

$$\left. \begin{array}{l} x = \dfrac{x_2}{2}(1-\eta) + \dfrac{x_4}{2}(1+\eta) \\[3mm] y = \dfrac{y_2}{2}(1-\eta) + \dfrac{y_4}{2}(1+\eta) \end{array} \right\} \tag{6-122}$$

这是子单元中直线边界 24 的方程式。类似可得到其他三条边的方程式。

（3）该变换式在局部坐标原点给出四边形形心的直角坐标，在四个节点处由局部坐标给出节点的整体坐标；而且在子单元四条边上，一个局部坐标等于 ± 1，另一个局部坐标是线性变化的，从而整体坐标也是线性变化的。

在坐标变换式（6-121）中令 $\xi = \eta = 0$，可得到四边形的形心直角坐标为

$$\left. \begin{array}{l} x = \dfrac{x_1 + x_2 + x_3 + x_4}{4} \\[3mm] y = \dfrac{y_1 + y_2 + y_3 + y_4}{4} \end{array} \right\} \tag{6-123}$$

（4）母单元直线映射后仍为直线，而两个相邻子单元的公共边线有相同的节点，故映射后的两个子单元相邻边线处处吻合，不会产生分离。

6.5.4 两类坐标系的关系

从图形变换的角度来看，(ξ, η) 和 (x, y) 可以分别视作母单元和子单元这两个不同单元的坐标系，它们都是直角坐标系。从另一角度来看，(ξ, η) 和 (x, y) 可以看成是子单元同一单元中两种不同的坐标系。(x, y) 是子单元的直角坐标系，而 (ξ, η) 可看成是子单元的局部坐标系。综上所述，(x, y) 始终扮演同一角色，即子单元的直角坐标，而 (ξ, η) 则扮演两种角色，它既是母单元的直角坐标，又是子单元的局部坐标。

在有限元分析中，这两类坐标系的作用是不同的。直角坐标系 (x, y) 在整个结构的所有子单元中共同采用，为整体坐标系；而斜交坐标系 (ξ, η) 则只适用于单个独立的子单元，为局部坐标系。整体坐标系在整体分析中采用，而局部坐标系则在单元分析中采用。

现讨论两类坐标系中偏导数之间的关系。以二维坐标为例，根据复合函数的求导法则，有

$$\left.\begin{aligned}\frac{\partial}{\partial \xi} &= \frac{\partial x}{\partial \xi}\frac{\partial}{\partial x} + \frac{\partial y}{\partial \xi}\frac{\partial}{\partial y} \\ \frac{\partial}{\partial \eta} &= \frac{\partial x}{\partial \eta}\frac{\partial}{\partial x} + \frac{\partial y}{\partial \eta}\frac{\partial}{\partial y}\end{aligned}\right\} \tag{6-124}$$

改写为矩阵形式

$$\left\{\begin{aligned}\frac{\partial}{\partial \xi} \\ \frac{\partial}{\partial \eta}\end{aligned}\right\} = [\boldsymbol{J}]\left\{\begin{aligned}\frac{\partial}{\partial x} \\ \frac{\partial}{\partial y}\end{aligned}\right\} \tag{6-125}$$

式中，$[\boldsymbol{J}]$ 称为雅可比（Jacobi）矩阵，为

$$[\boldsymbol{J}] = \begin{bmatrix} \dfrac{\partial x}{\partial \xi} & \dfrac{\partial y}{\partial \xi} \\ \dfrac{\partial x}{\partial \eta} & \dfrac{\partial y}{\partial \eta} \end{bmatrix} \tag{6-126}$$

对式（6-125）求取逆变换式

$$\left\{\begin{aligned}\frac{\partial}{\partial x} \\ \frac{\partial}{\partial y}\end{aligned}\right\} = [\boldsymbol{J}]^{-1}\left\{\begin{aligned}\frac{\partial}{\partial \xi} \\ \frac{\partial}{\partial \eta}\end{aligned}\right\} \tag{6-127}$$

式中 $[\boldsymbol{J}]^{-1}$ —— $[\boldsymbol{J}]$ 的逆阵。

$$[\boldsymbol{J}]^{-1} = \frac{1}{\det[\boldsymbol{J}]}\begin{bmatrix} \dfrac{\partial y}{\partial \eta} & -\dfrac{\partial y}{\partial \xi} \\ -\dfrac{\partial x}{\partial \eta} & \dfrac{\partial x}{\partial \xi} \end{bmatrix} \tag{6-128}$$

$$\det[\boldsymbol{J}] = \begin{vmatrix} \dfrac{\partial x}{\partial \xi} & \dfrac{\partial y}{\partial \xi} \\ \dfrac{\partial x}{\partial \eta} & \dfrac{\partial y}{\partial \eta} \end{vmatrix} = \frac{\partial x}{\partial \xi}\frac{\partial y}{\partial \eta} - \frac{\partial y}{\partial \xi}\frac{\partial x}{\partial \eta} \tag{6-129}$$

式中

$$\frac{\partial x}{\partial \xi} = \sum_i \frac{\partial N_i}{\partial \xi} x_i, \quad \frac{\partial y}{\partial \xi} = \sum_i \frac{\partial N_i}{\partial \xi} y_i, \quad \frac{\partial x}{\partial \eta} = \sum_i \frac{\partial N_i}{\partial \eta} x_i, \quad \frac{\partial y}{\partial \eta} = \sum_i \frac{\partial N_i}{\partial \eta} y_i$$

6.5.5 单元刚度矩阵

将四边形等参元的位移模式代入平面问题的几何方程中，即可得到单元应变的计算式：

$$\{\boldsymbol{\varepsilon}\} = \begin{bmatrix} \dfrac{\partial u}{\partial x} \\ \dfrac{\partial v}{\partial y} \\ \dfrac{\partial u}{\partial y} + \dfrac{\partial v}{\partial x} \end{bmatrix} = [\boldsymbol{B}]\{\boldsymbol{\delta}\}^e = [\boldsymbol{B}_1 \quad \boldsymbol{B}_2 \quad \boldsymbol{B}_3 \quad \boldsymbol{B}_4]\{\boldsymbol{\delta}\}^e \tag{6-130}$$

式中　$[\boldsymbol{B}] = [\boldsymbol{B}_1 \quad \boldsymbol{B}_2 \quad \boldsymbol{B}_3 \quad \boldsymbol{B}_4]$ 是单元应变矩阵，子矩阵为

$$[\boldsymbol{B}_i] = \begin{bmatrix} \dfrac{\partial N_i}{\partial x} & 0 \\ 0 & \dfrac{\partial N_i}{\partial y} \\ \dfrac{\partial N_i}{\partial y} & \dfrac{\partial N_i}{\partial x} \end{bmatrix} (i = 1, 2, 3, 4) \tag{6-131}$$

由于 $N_i(\xi, \eta)$ 形函数是局部坐标的函数，所以需要进行偏导数的变换。根据变换式 (6-127)，有

$$\begin{Bmatrix} \dfrac{\partial N_i}{\partial x} \\ \dfrac{\partial N_i}{\partial y} \end{Bmatrix} = [\boldsymbol{J}]^{-1} \begin{Bmatrix} \dfrac{\partial N_i}{\partial \xi} \\ \dfrac{\partial N_i}{\partial \eta} \end{Bmatrix} \tag{6-132}$$

以上各式中的 $\dfrac{\partial N_i}{\partial \xi}$ 和 $\dfrac{\partial N_i}{\partial \eta}$，可分别通过对形函数求偏微分得到。这样就把 $\dfrac{\partial N_i}{\partial x}$ 和 $\dfrac{\partial N_i}{\partial y}$ 转化成了局部坐标的函数，从而求得应变矩阵 $[\boldsymbol{B}]$ 和单元应变 $\{\boldsymbol{\varepsilon}\}$。

将单元应变代入平面问题的物理方程中，就可得到平面四边形等参元的应力列阵：

$$\{\boldsymbol{\sigma}\} = \begin{Bmatrix} \sigma_x \\ \sigma_y \\ \sigma_z \end{Bmatrix} = [\boldsymbol{D}]\{\boldsymbol{\varepsilon}\} = [\boldsymbol{D}][\boldsymbol{B}]\{\boldsymbol{\delta}\}^e = [\boldsymbol{S}]\{\boldsymbol{\delta}\}^e = [\boldsymbol{S}_1 \quad \boldsymbol{S}_2 \quad \boldsymbol{S}_3 \quad \boldsymbol{S}_4]\{\boldsymbol{\delta}\}^e \tag{6-133}$$

式中　$[\boldsymbol{S}]$——应力矩阵，有

$$[\boldsymbol{S}_i] = [\boldsymbol{D}][\boldsymbol{B}_i] (i = 1, 2, 3, 4) \tag{6-134}$$

利用虚功原理，可以推导出四边形等参数单元的刚度矩阵

$$[\boldsymbol{K}]^e = [\boldsymbol{B}]^{\mathrm{T}}[\boldsymbol{D}][\boldsymbol{B}] t \,\mathrm{d}x\,\mathrm{d}y = \int_{-1}^{1} \int_{-1}^{1} [\boldsymbol{B}]^{\mathrm{T}}[\boldsymbol{D}][\boldsymbol{B}] t \,|\boldsymbol{J}|\,\mathrm{d}\xi\,\mathrm{d}\eta \tag{6-135}$$

式中　t——单元厚度。

根据单元节点数量，可以把单元的刚度矩阵写成分块矩阵的形式，一共包含 4×4 个子矩阵，其中每一个子矩阵都是 2×2 阶矩阵。单元刚度矩阵采用分块矩阵表达的形式如下

$$[\boldsymbol{K}] = \begin{bmatrix} \boldsymbol{K}_{11} & \boldsymbol{K}_{12} & \boldsymbol{K}_{13} & \boldsymbol{K}_{14} \\ \boldsymbol{K}_{21} & \boldsymbol{K}_{22} & \boldsymbol{K}_{23} & \boldsymbol{K}_{24} \\ \boldsymbol{K}_{31} & \boldsymbol{K}_{32} & \boldsymbol{K}_{33} & \boldsymbol{K}_{34} \\ \boldsymbol{K}_{41} & \boldsymbol{K}_{42} & \boldsymbol{K}_{43} & \boldsymbol{K}_{44} \end{bmatrix} \tag{6-136}$$

其中，子矩阵 $[\boldsymbol{K}_{ij}]^{\mathrm{e}} = [\boldsymbol{B}_i]^{\mathrm{T}} [\boldsymbol{D}] [\boldsymbol{B}_j] t \, \mathrm{d}x \, \mathrm{d}y = \int_{-1}^{1} \int_{-1}^{1} [\boldsymbol{B}_i]^{\mathrm{T}} [\boldsymbol{D}] [\boldsymbol{B}_j] t \, | \boldsymbol{J} | \, \mathrm{d}\xi \, \mathrm{d}\eta$ (6-137)

$$(i = 1, 2, 3, 4; j = 1, 2, 3, 4)$$

应该指出，上式中的每一个子矩阵都是对 ξ 和 η 的两重积分，尽管积分区域十分简单，但其被积函数却比较复杂，需要采用数值积分法求解，通常可采用高斯积分法进行。在积分过程中，需要分别对积分式中的微元面积 $\mathrm{d}A$ 和微元弧长 $\mathrm{d}s$ 进行计算。

1. 微元面积 $\mathrm{d}A$ 的计算

在图 6-16 中，设 p 为子单元内任一点，整体坐标和局部坐标分别用（x, y）和（ξ, η）表示。过 p 点分别作 ξ, η 的等值线，围成一小块微元面积 $\mathrm{d}A$，如图中阴影部分 $pqrs$。由于 $\mathrm{d}\xi$、$\mathrm{d}\eta$ 都很小，可近似认为围成 $\mathrm{d}A$ 的小四边形为平行四边形。

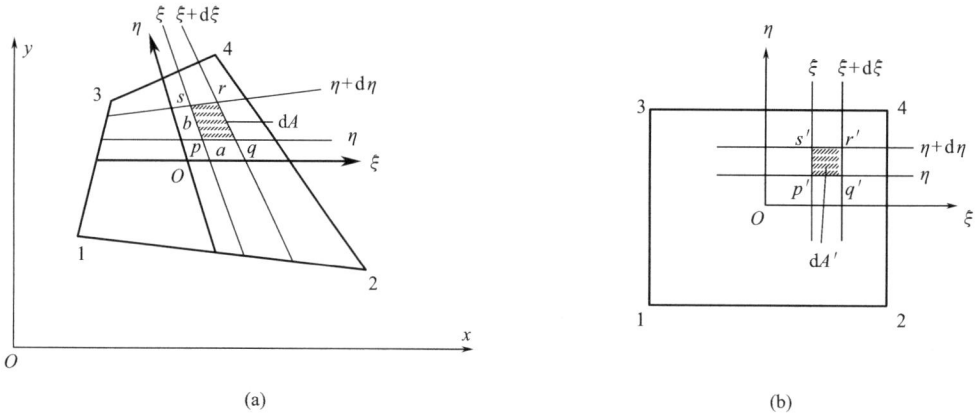

图 6-16 子单元微元面积

对平行四边形，若其两边用矢量 $\boldsymbol{a}$ 和 $\boldsymbol{b}$ 表示（图 6-17），则

$$\mathrm{d}A = |\boldsymbol{a}| |\boldsymbol{b}| \sin\theta = |\boldsymbol{a} \times \boldsymbol{b}| = |(a_x i + a_y j) \times (b_x i + b_y j)| = \begin{vmatrix} a_x & b_x \\ a_y & b_y \end{vmatrix} \tag{6-138}$$

点 p、q、s 的直角坐标值分别如下：

点 p：$x_{\mathrm{p}} = x(\xi, \eta)$，$y_{\mathrm{p}} = y(\xi, \eta)$

点 q：$x_{\mathrm{q}} = x(\xi + \mathrm{d}\xi, \eta)$，$y_{\mathrm{q}} = y(\xi + \mathrm{d}\xi, \eta)$

点 s：$x_{\mathrm{s}} = x(\xi, \eta + \mathrm{d}\eta)$，$y_{\mathrm{s}} = y(\xi, \eta + \mathrm{d}\eta)$

利用泰勒级数，可知

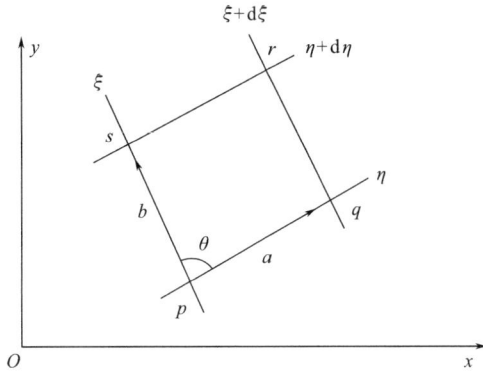

图 6-17 平行四边形矢量坐标

$$a_x = x_q - x_p = x(\xi, \eta) + \frac{\partial x}{\partial \xi}d\xi - x(\xi, \eta) = \frac{\partial x}{\partial \xi}d\xi, \ a_y = y_q - y_p$$
$$= y(\xi, \eta) + \frac{\partial y}{\partial \xi}d\xi - y(\xi, \eta) = \frac{\partial y}{\partial \xi}d\xi$$
$$b_x = x_s - x_p = x(\xi, \eta) + \frac{\partial x}{\partial \eta}d\eta - x(\xi, \eta) = \frac{\partial x}{\partial \eta}d\eta, \ b_y = y_s - y_p$$
$$= y(\xi, \eta) + \frac{\partial y}{\partial \eta}d\eta - y(\xi, \eta) = \frac{\partial y}{\partial \eta}d\eta$$

$$\tag{6-139}$$

代入 dA 的行列式，有

$$dA = \begin{vmatrix} a_x & b_x \\ a_y & b_y \end{vmatrix} = \begin{vmatrix} \dfrac{\partial x}{\partial \xi} & \dfrac{\partial y}{\partial \xi} \\ \dfrac{\partial x}{\partial \eta} & \dfrac{\partial y}{\partial \eta} \end{vmatrix} d\xi d\eta = |\boldsymbol{J}| d\xi d\eta \tag{6-140}$$

从而 $pqrs$ 对应的微元面积 dA 与对应 $p'q'r's'$ 围成的微元面积 dA' 存在如下关系：

$$dA = |\boldsymbol{J}| d\xi d\eta = |\boldsymbol{J}| dA' \tag{6-141}$$

由此可知，子单元域内的积分可以转换到母单元域内。由于母单元形状规整，所以可以简化计算。

2. 微元弧长 ds 的计算

在图 6-18 中，当侧边 $\xi = \pm 1$（每条侧边考虑厚度实际为一个侧面）受有面力荷载时，需要用到该边沿 η 向截取的微元弧长 ds。设 P 为 ξ 面边界上任一点，整体坐标为 (x, y)，局部坐标为 (ξ, η)。过 P 点分别作 η 的等值线，同时作 $\eta + d\eta$ 的等值线，交 ξ 边于 S 点。因为 $d\eta$ 很小，故不论实际边界何种形状，PS 均可视作直线。作为微元弧长 ds_ξ，可用矢量 $\boldsymbol{b}$ 的模长来表示。

$$ds_\xi = |\boldsymbol{b}| = \sqrt{b_x^2 + b_y^2} \tag{6-142}$$

式中 $\quad b_x = x_s - x_p = x(\xi, \eta + d\eta) - x(\xi, \eta) = x(\xi, \eta) + \dfrac{\partial x}{\partial \eta}d\eta - x(\xi, \eta) = \dfrac{\partial x}{\partial \eta}d\eta$

$$b_y = y_s - y_p = y(\xi, \eta) + \frac{\partial y}{\partial \eta}d\eta - y(\xi, \eta) = \frac{\partial y}{\partial \eta}d\eta$$

$$\tag{6-143}$$

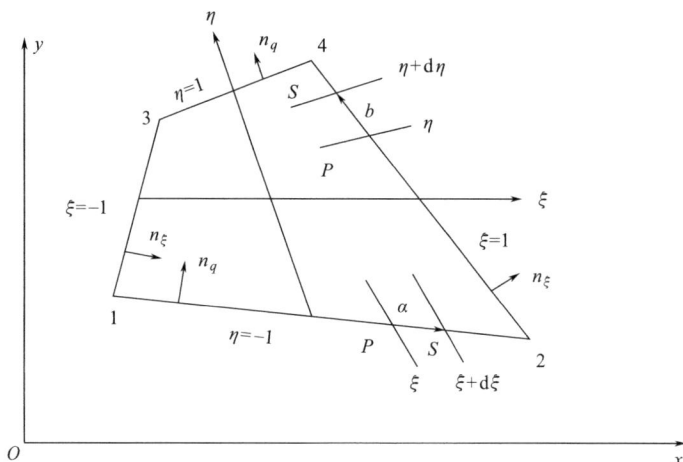

图 6-18 四边形微元

代入后，得

$$\mathrm{d}s_\xi = \left(\sqrt{\left(\frac{\partial x}{\partial \eta}\right)^2 + \left(\frac{\partial y}{\partial \eta}\right)^2}\right)_{\xi = \pm 1} \mathrm{d}\eta \qquad (6\text{-}144)$$

类似的，当 $\eta = \pm 1$ 面受有面力荷载时，该边的微元弧长 $\mathrm{d}s$ 是沿 ξ 向取的。通过类似分析，可得

$$\mathrm{d}s_\eta = \left(\sqrt{\left(\frac{\partial x}{\partial \xi}\right)^2 + \left(\frac{\partial y}{\partial \xi}\right)^2}\right)_{\eta = \pm 1} \mathrm{d}\xi \qquad (6\text{-}145)$$

6.5.6 等效节点载荷

整体结构中等效节点载荷是通过将作用在单元上的集中力、面力和体积力分别等效移置到节点后，经过集成得到的，一般表达式如下：

$$\{R\} = \sum_{h=1}^{n} \{R\}^{eh} = \sum_{h=1}^{n} (\{F\}^{eh} + \{Q\}^{eh} + \{P\}^{eh}) = \{F\} + \{Q\} + \{P\} \qquad (6\text{-}146)$$

1. 集中力的等效节点载荷

设单元任意点 M 作用有集中载荷 $\{\boldsymbol{F}\} = \{F_x \quad F_y\}^\mathrm{T}$，则移置到单元各个节点上的等效节点载荷为

$$\{\boldsymbol{F}_i\}^e_\mathrm{E} = [F^e_{ix} \quad F^e_{iy}]^\mathrm{T} = (N_i)_\mathrm{M}\{\boldsymbol{F}\} \quad (i = 1, 2, 3, 4) \qquad (6\text{-}147)$$

式中 $(N_i)_\mathrm{M}$——形函数 N_i 在集中力作用点 M 处的取值，可通过以下步骤计算：

（1）根据坐标变换关系，可由力作用点 M 的整体坐标 $(x_\mathrm{M}, y_\mathrm{M})$ 得到其局部坐标 $(\xi_\mathrm{M}, \eta_\mathrm{M})$，计算式如下：

$$\left. \begin{aligned} x_\mathrm{M} &= \sum_{i=1}^{4} N_i(\xi_\mathrm{M}, \eta_\mathrm{M}) x_i \\ y_\mathrm{M} &= \sum_{i=1}^{4} N_i(\xi_\mathrm{M}, \eta_\mathrm{M}) y_i \end{aligned} \right\} \qquad (6\text{-}148)$$

式中，x_M, y_M, x_1, y_1, x_2, y_2, x_3, y_3, x_4, y_4 均为已知数。解此联立方程组，即可得到 M 点的局部坐标。

（2）将局部坐标 $(\xi_\mathrm{M}, \eta_\mathrm{M})$ 代入式（6-148），得到 M 点的形函数值 $(N_i)_\mathrm{M}$。实际计

算时，应尽量把集中力作用点取为节点，从而把载荷直接加在该节点上。

2. 体积力的等效节点载荷

设单元上作用的体积力为 $\{\boldsymbol{p}\}=\{p_x \quad p_y\}^{\mathrm{T}}$，则移置到单元各个节点上的等效载荷为

$$\{\boldsymbol{P}_i\}_{\mathrm{E}}^{\mathrm{e}}=[P_{ix}^{\mathrm{e}} \quad P_{iy}^{\mathrm{e}}]^{\mathrm{T}}=N_i\{\boldsymbol{p}\}t\,\mathrm{d}x\,\mathrm{d}y=\int_{-1}^{1}\int_{-1}^{1}N_i\begin{Bmatrix}p_x\\p_y\end{Bmatrix}t\,|\boldsymbol{J}|\,\mathrm{d}\xi\,\mathrm{d}\eta \qquad (6\text{-}149)$$

$$(i=1, 2, 3, 4)$$

式中　t——单元厚度。

3. 面力的等效节点载荷

设单元的某边界上作用的面力为 $\{\boldsymbol{q}\}=\{q_x \quad q_y\}^{\mathrm{T}}$，则这条边上两个节点的等效载荷为

$$\{\boldsymbol{Q}_i\}_{\mathrm{E}}^{\mathrm{e}}=[Q_{ix}^{\mathrm{e}} \quad Q_{iy}^{\mathrm{e}}]^{\mathrm{T}}=\int_{\Gamma}N_i\begin{Bmatrix}q_x\\q_y\end{Bmatrix}t\,\mathrm{d}s \qquad (6\text{-}150)$$

式中　Γ——单元作用有面力的边界域；

　　　$\mathrm{d}s$——边界域内的微段弧长。

6.5.7　四边形等参元划分要求

平面四节点任意四边形等参元的几何形状和位移模式均采用相同的插值函数。在对结构进行单元划分的实际应用过程中，应注意以下基本要求：

（1）在划分单元时，只需确定单元节点的整体坐标值，而不必确定具体的边界。因为在计算中实际利用的只是单元四个节点在整体坐标系下的位置坐标 (x_i, y_i) $(i=1, 2, 3, 4)$。

（2）在划分单元和布置节点时，单元各边的长度相差不能太大；各边上节点间距尽量均匀化。

（3）当求解区域为曲线边界时，只将位于边界的单元取为斜边四边形，而内部单元仍然划分为直边四边形。这样不仅能较好地处理曲边边界，而且又能保证计算相对简单。

（4）为避免 $\det \boldsymbol{J}=0$，单元形状选取时应避免出现畸形边界，如图 6-19 所示。

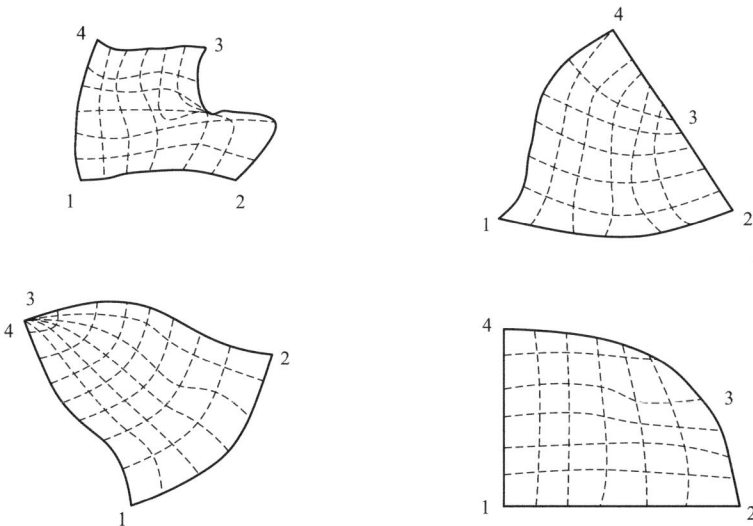

图 6-19　畸形边界单元

6.6　计算实例

图 6-20 所示为一厚度 $t=1\mathrm{cm}$ 的均质正方形薄板，上下受均匀拉力 $q=10^6\mathrm{N/m}$，材料弹性模量为 E，泊松比 $\mu=1/3$，不计自重，试用有限元法求其应力分量。

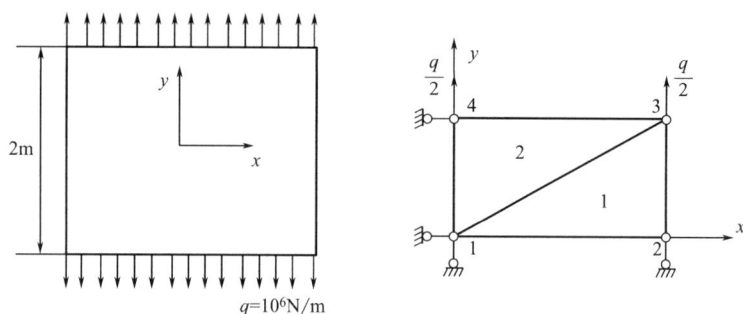

图 6-20　正方形薄板受力

6.6.1　力学模型的确定

由于此结构长、宽远大于厚度，而载荷作用于板平面内，且沿板厚均匀分布，故可按平面应力问题处理，考虑结构和载荷的对称性，可取结构的 1/4 来研究。

6.6.2　结构离散

该 1/4 结构被离散为两个三角形单元，节点编号、单元划分及坐标如图 6-20 所示，其各节点的坐标值见表 6-1。

表 6-1

节点坐标值

坐标	节点			
	1	2	3	4
x	0	1	1	0
y	0	0	1	1

6.6.3　求解单元的刚度矩阵

1. 计算单元的节点坐标差及单元面积

$$b_1=y_2-y_3=-1 \quad b_2=y_3-y_1=1 \quad b_3=y_1-y_2=0$$
$$c_1=-(x_2-x_3)=0 \quad c_2=-(x_3-x_1)=-1 \quad c_3=-(x_1-x_2)=1$$
$$\Delta=\frac{1}{2}(b_2c_3-b_3c_2)=\frac{1}{2}[1\times1-0\times(-1)]=\frac{1}{2}$$

2. 计算各单元的刚度矩阵计算用到的常数

$$\frac{1-\mu}{2}=\frac{1}{3} \quad \frac{Et}{4(1-\mu^2)\Delta}=\frac{9E}{16} \quad \frac{E}{2(1-\mu^2)\Delta}=\frac{9E}{8}$$

代入可得

$$[\boldsymbol{K}_{11}]^1 = \frac{9E}{16}\begin{bmatrix} (-1)\times(-1)+\dfrac{1}{3}\times0\times0 & \dfrac{1}{3}\times(-1)\times0+\dfrac{1}{3}\times0\times(-1) \\ \dfrac{1}{3}\times0\times(-1)+\dfrac{1}{3}\times(-1)\times0 & 0\times0+\dfrac{1}{3}\times(-1)\times(-1) \end{bmatrix} = \frac{9E}{16}\begin{bmatrix} 1 & 0 \\ 0 & \dfrac{1}{3} \end{bmatrix}$$

$$[\boldsymbol{K}_{12}]^1 = \frac{9E}{16}\begin{bmatrix} -1 & \dfrac{1}{3} \\ \dfrac{1}{3} & -\dfrac{1}{3} \end{bmatrix}, \quad [\boldsymbol{K}_{13}]^1 = \frac{9E}{16}\begin{bmatrix} 0 & -\dfrac{1}{3} \\ -\dfrac{1}{3} & 0 \end{bmatrix}, \quad [\boldsymbol{K}_{22}]^1 = \frac{9E}{16}\begin{bmatrix} \dfrac{4}{3} & -\dfrac{2}{3} \\ -\dfrac{2}{3} & \dfrac{4}{3} \end{bmatrix}$$

$$[\boldsymbol{K}_{23}]^1 = \frac{9E}{16}\begin{bmatrix} -\dfrac{1}{3} & \dfrac{1}{3} \\ \dfrac{1}{3} & -1 \end{bmatrix}, \quad [\boldsymbol{K}_{33}]^1 = \frac{9E}{16}\begin{bmatrix} \dfrac{1}{3} & 0 \\ 0 & 1 \end{bmatrix}$$

所以单元 1 的刚度矩阵

$$[\boldsymbol{K}]^1_{6\times6} = \begin{bmatrix} [\boldsymbol{K}_{11}]^1 & [\boldsymbol{K}_{12}]^1 & [\boldsymbol{K}_{13}]^1 \\ [\boldsymbol{K}_{21}]^1 & [\boldsymbol{K}_{22}]^1 & [\boldsymbol{K}_{23}]^1 \\ [\boldsymbol{K}_{31}]^1 & [\boldsymbol{K}_{32}]^1 & [\boldsymbol{K}_{33}]^1 \end{bmatrix} = \frac{9E}{16}\begin{bmatrix} 1 & 0 & -1 & \dfrac{1}{3} & 0 & -\dfrac{1}{3} \\ & \dfrac{1}{3} & \dfrac{1}{3} & -\dfrac{1}{3} & -\dfrac{1}{3} & 0 \\ & & \dfrac{4}{3} & -\dfrac{2}{3} & -\dfrac{1}{3} & \dfrac{1}{3} \\ & & & \dfrac{4}{3} & \dfrac{1}{3} & -1 \\ & & & & \dfrac{1}{3} & 0 \\ & & & & & 1 \end{bmatrix}$$

由于单元 2 若按 341 对应单元 1 的 123 排码，则这两个单元刚度矩阵内容完全一样，故有：

$$[\boldsymbol{K}]^2_{6\times6} = \frac{9E}{16}\begin{bmatrix} 1 & 0 & -1 & \dfrac{1}{3} & 0 & -\dfrac{1}{3} \\ & \dfrac{1}{3} & \dfrac{1}{3} & -\dfrac{1}{3} & -\dfrac{1}{3} & 0 \\ & & \dfrac{4}{3} & -\dfrac{2}{3} & -\dfrac{1}{3} & \dfrac{1}{3} \\ & & & \dfrac{4}{3} & \dfrac{1}{3} & -1 \\ & & & & \dfrac{1}{3} & 0 \\ & & & & & 1 \end{bmatrix}$$

6.6.4 集成整体刚度矩阵

按刚度集成法可得整体刚度矩阵为：

$$[\boldsymbol{K}]_{8\times8}=\begin{bmatrix}[\boldsymbol{K}_{11}]^{1+2}\\[\boldsymbol{K}_{21}]^{1}&[\boldsymbol{K}_{22}]^{1}\\[\boldsymbol{K}_{31}]^{1+2}&[\boldsymbol{K}_{32}]^{1}&[\boldsymbol{K}_{33}]^{1+2}\\[\boldsymbol{K}_{41}]^{2}&&[\boldsymbol{K}_{43}]^{2}&[\boldsymbol{K}_{44}]^{2}\end{bmatrix}$$

由于 $[\boldsymbol{K}_{rs}]=[\boldsymbol{K}_{sr}]^{T}$，又单元 1 和单元 2 的节点号按 123 对应 341，则可得：

$$[\boldsymbol{K}_{11}]^{1}=[\boldsymbol{K}_{33}]^{2}=\frac{3E}{16}\begin{bmatrix}3&0\\0&1\end{bmatrix}$$

$$[\boldsymbol{K}_{21}]^{1}=[\boldsymbol{K}_{43}]^{2}=[\boldsymbol{K}_{12}]^{1T}=\frac{3E}{16}\begin{bmatrix}-3&1\\1&-1\end{bmatrix}$$

$$[\boldsymbol{K}_{31}]^{1}=[\boldsymbol{K}_{13}]^{2}=[\boldsymbol{K}_{13}]^{1T}=\frac{3E}{16}\begin{bmatrix}0&-1\\-1&0\end{bmatrix}$$

$$[\boldsymbol{K}_{22}]^{1}=[\boldsymbol{K}_{44}]^{2}=\frac{3E}{16}\begin{bmatrix}4&-2\\-2&4\end{bmatrix}$$

$$[\boldsymbol{K}_{32}]^{1}=[\boldsymbol{K}_{14}]^{2}=[\boldsymbol{K}_{23}]^{1T}=\frac{3E}{16}\begin{bmatrix}-1&1\\1&-3\end{bmatrix}$$

$$[\boldsymbol{K}_{33}]^{1}=[\boldsymbol{K}_{11}]^{2}=\frac{3E}{16}\begin{bmatrix}1&0\\0&3\end{bmatrix}$$

$$[\boldsymbol{K}_{31}]^{2}=[\boldsymbol{K}_{13}]^{1}=[\boldsymbol{K}_{13}]^{2T}=\frac{3E}{16}\begin{bmatrix}0&-1\\-1&0\end{bmatrix}$$

$$[\boldsymbol{K}_{41}]^{2}=[\boldsymbol{K}_{23}]^{1}=[\boldsymbol{K}_{14}]^{2T}=\frac{3E}{16}\begin{bmatrix}-1&1\\1&-3\end{bmatrix}$$

所以，集成的整体刚度矩阵为：

$$[\boldsymbol{K}]_{8\times8}=\frac{3E}{16}\begin{bmatrix}4\\0&4\\-3&1&4\\1&-1&-2&4\\0&-2&-1&1&4\\-2&0&1&-3&0&4\\-1&1&0&0&-3&1&4\\1&-3&0&0&1&-1&-2&4\end{bmatrix}$$

6.6.5 求解

根据约束条件

$$u_{1}=v_{1}=0；\ v_{2}=0；\ u_{4}=0$$

和等效节点力列阵

$$\{\boldsymbol{F}\}=\{0\quad0\quad0\quad0\quad0\quad q/2\quad0\quad q/2\}^{T}$$

将其分别代入刚度方程

$$[\boldsymbol{K}]\{\boldsymbol{\delta}\}=\{\boldsymbol{F}\}$$

划去 $[\boldsymbol{K}]$ 中与 0 位移相对应的 1、2、4、7 的行和列，则刚度方程变为：

$$\frac{3E}{16}\begin{bmatrix}4 & & & \\ -1 & 4 & & \\ 1 & 0 & 4 & \\ 0 & 1 & -1 & 4\end{bmatrix}\begin{Bmatrix}u_2 \\ u_3 \\ v_3 \\ v_4\end{Bmatrix}=\begin{Bmatrix}0 \\ 0 \\ q/2 \\ q/2\end{Bmatrix}$$

求解上面方程组可得出节点位移为：

$$\{u_2 \quad u_3 \quad v_3 \quad v_4\}^{\mathrm{T}}=\{-q/3E \quad -q/3E \quad q/E \quad q/E\}^{\mathrm{T}}$$

所以

$$\{\delta\}=q/E[0 \quad 0 \quad -1/3 \quad 0 \quad -1/3 \quad 1 \quad 0 \quad 1]^{\mathrm{T}}$$

6.6.6　计算单元应力

先求出各单元的应力矩阵 $[S]^1$、$[S]^2$，然后再求得各单元的应力分量：

$$\{\boldsymbol{\sigma}\}^1=\begin{Bmatrix}\sigma_x \\ \sigma_y \\ \tau_{xy}\end{Bmatrix}=[S]^1\{\boldsymbol{\delta}\}^1=\frac{3E}{8}\begin{bmatrix}-3 & 0 & 3 & -1 & 0 & 1 \\ -1 & 0 & 1 & -3 & 0 & 3 \\ 0 & -1 & -1 & 1 & 1 & 0\end{bmatrix}\begin{Bmatrix}0 \\ 0 \\ -q/3E \\ 0 \\ -q/3E \\ q/E\end{Bmatrix}=\frac{3q}{8}\begin{Bmatrix}0 \\ 8/3 \\ 0\end{Bmatrix}=q\begin{Bmatrix}0 \\ 1 \\ 0\end{Bmatrix}$$

$$\{\boldsymbol{\sigma}\}^2=\begin{Bmatrix}\sigma_x \\ \sigma_y \\ \tau_{xy}\end{Bmatrix}=[S]^2\{\boldsymbol{\delta}\}^2=\frac{3E}{8}\begin{bmatrix}3 & 0 & -3 & 1 & 0 & -1 \\ 1 & 0 & -1 & 3 & 0 & -3 \\ 0 & 1 & 1 & -1 & -1 & 0\end{bmatrix}\begin{Bmatrix}-q/3E \\ q/E \\ 0 \\ q/E \\ 0 \\ 0\end{Bmatrix}=\frac{3E}{8}8q/(3E)\begin{Bmatrix}0 \\ 1 \\ 0\end{Bmatrix}=q\begin{Bmatrix}0 \\ 1 \\ 0\end{Bmatrix}$$

习　　题

1. 对弹性体进行分析时，有限元的解需要满足哪些收敛性条件？

2. 什么是完备单元？什么是协调单元？

3. 在有限元求解的位移模式中，如果三角形位移模式按照多项式选取，请说出建立同次项的单项式优先性是怎么考虑的？

4. 对应三角形单元 Δijm 面积坐标分量值的取值范围是多少？

5. 对应式（6-10），如果 Δpjm 面积能按照行列式进行计算，那么三组坐标 (x, y)、(x_m, y_m)、(x_j, y_j) 对应的三个点 pjm 应如何排列？

6. 在常应变三角形单元推导中，形函数矩阵和面积坐标有何联系？

7. 在常应变三角形单元中，不同单元之间的应变、应力和位移中，哪些是突变的？哪些是保持连续的？

8. 在矩形双线性位移模式中，实际的位移模式是含有二次项的，并不是一次线性表达式，如何理解双线性的说法？

9. 矩形双线性单元与常应变三角形单元各有何优缺点？

10. 平面等参数单元中，一般的四边形单元与母单元各点是如何对应的？

11. 矩形双线性单元应变、应力和位移是突变的还是连续的？

12. 写出图 6-21 中点 A 和点 B 的面积坐标。

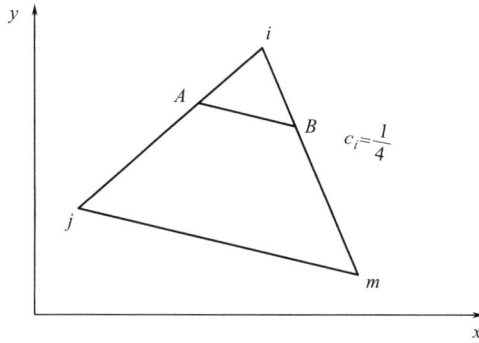

图 6-21　习题 12

13. 已知某一点三个坐标分量中的 l_i 等于 $1/5$，l_m 等于 $1/2$，请求出 l_j。

14. 如图 6-22 所示悬臂梁的荷载简化示意图中，请说出简化图中右端顶部节点中为什么中间节点荷载受力较大，所受荷载是相邻荷载的多少倍？

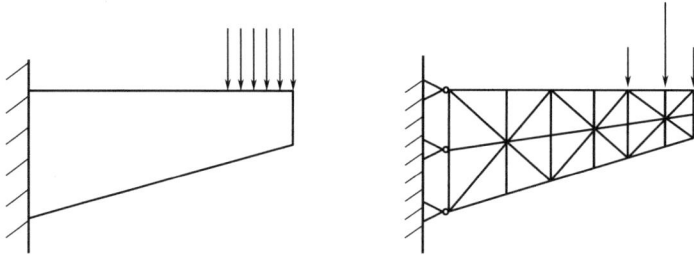

图 6-22　习题 14

15. 如图 6-23 所示底部固支的矩形平板，顶部设有均布荷载 q，按右图进行结构离散化，请将局部荷载按右图中相应的节点进行等效，并在图中示意出相应的结果。

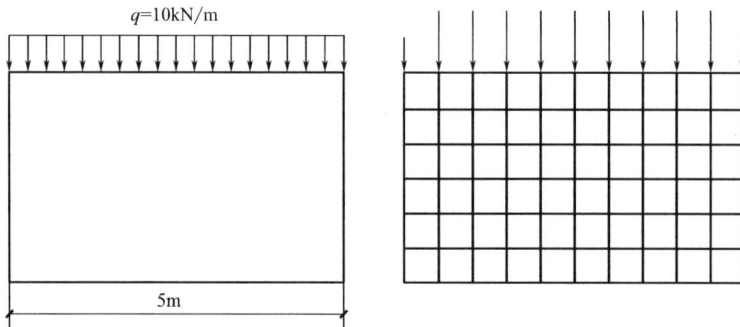

图 6-23　习题 15

16. 如图 6-24 所示为一正方形板，沿对角承受压力作用，板厚 $t=1\mathrm{m}$，载荷 $P=20\mathrm{kN}$，设泊松比 $\mu=0.2$，材料弹性模量为 E，求它的应力分布。

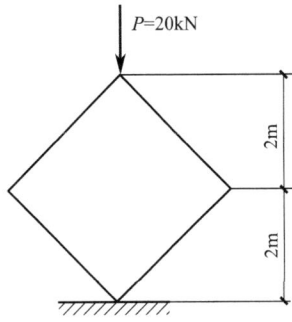

图 6-24　习题 16

17. 如图 6-25 所示悬臂深梁，顶端中点垂向载荷 F，梁的厚度为 t，设梁材料弹性模量为 E，泊松比 $\mu=1/3$。若采用图 6-25 所示的简单网格系统，求各节点的位移。

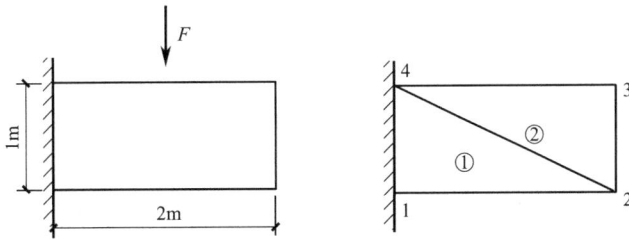

图 6-25　习题 17

18. 如图 6-26 所示厚度为 t 的均质正方形薄板，边长为 a，左上部节点处作用集中荷载 F，材料弹性模量为 E，泊松比为 μ，不计自重，试求其应力分量。

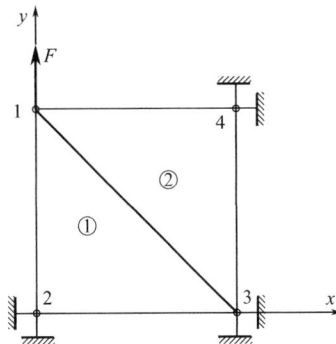

图 6-26　习题 18

第 7 章 弹性板壳分析初步

板壳结构是工程中常见的一种结构形式。板包括屋面板、楼面板、桥面板、雨篷板和空调板等形式，在建筑结构中应用较多。壳体结构是一种以空心和封闭作为外形特征，并具有一定强度的结构形式。壳体结构在飞行器、车辆和船舶中常作为外表面，在建筑领域中壳体结构被广泛应用于会议中心、体育馆和展览馆等大型公共建筑。壳体结构不仅外形美观、结构稳定和建筑风格独特，还能起到防雨、隔热和减震等作用。板壳二者在计算中有一定的相关性，下面分别进行讲述。

7.1 薄板弯曲问题

7.1.1 基本概念

在弹性力学里，把两个平行面和垂直于这两个平行面的柱面或棱柱面所围成的物体称为平板，简称为板，如图 7-1 所示。两个板面之间的距离 h 称为板的厚度，而平分厚度 h 的平面称为板的中间平面，简称中面。如果板的厚度 h（或 t）远小于中面的最小尺寸 b（如小于 $b/8 \sim b/5$），该板就称为薄板，否则就称为厚板。

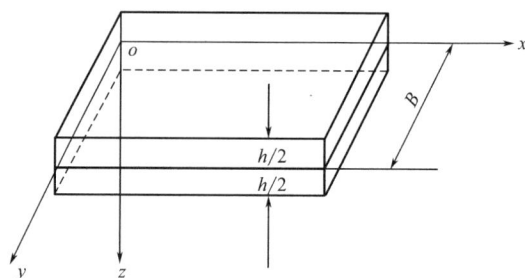

图 7-1 平板结构

板（壳）按照厚宽比，可以划分为：

（1）厚板（壳）：$\dfrac{t}{b} > \left(\dfrac{1}{8} \sim \dfrac{1}{5} \right)$，此时通常按照空间弹性问题处理，当然，也有较为复杂的厚板理论。

（2）中厚板（壳）：$\left(\dfrac{1}{20} \sim \dfrac{1}{15} \right) \leqslant \dfrac{t}{b} \leqslant \left(\dfrac{1}{8} \sim \dfrac{1}{5} \right)$，按中厚板（壳）理论（如 Mindlin-Reissener 板理论）求解，需考虑横向剪切变形。

（3）薄板（壳）：$\left(\dfrac{1}{100} \sim \dfrac{1}{80} \right) \leqslant \dfrac{t}{b} \leqslant \left(\dfrac{1}{20} \sim \dfrac{1}{15} \right)$。此时主要考虑弯曲和轴向变形，而忽略横向剪切变形，主要根据 Kirchhoff 板理论进行分析。

（4）薄膜：$\dfrac{t}{b} \leqslant \left(\dfrac{1}{100} \sim \dfrac{1}{80} \right)$，此时弯曲刚度趋于 0，因而要忽略弯曲变形，只产生中面拉伸应力（也称薄膜应力）。

目前，薄板通过给出一些基本假定，以此为前提，已建立了一套完整的计算分析理论。然而，厚板的情况比较复杂，还没有解决实际问题的通用分析方法。

当薄板承受一般载荷时，可将其分解为两个方向：一个是纵向载荷，作用在薄板的中面之内；另一个是横向载荷，垂直于中面。对于纵向载荷，可以认为它们沿厚度方向均匀分布，因而它们所引起的应力、应变和位移，都可以按前述的平面应力问题进行计算分析。至于横向载荷，将会使薄板产生弯曲变形，由此在板中引起应力、应变和位移，可以按薄板弯曲问题进行处理。

7.1.2 平板受力分析

在平板中某一点附近，沿 x 轴和 y 轴方向各取平面尺寸为 dx、dy 和厚度为 h 的一个微元体，则在该单元的侧面上将会有相应的剪力、弯矩和扭矩，如图 7-2 所示。图中 M_x、M_y 为作用在侧面上的弯矩，M_{xy} 为侧面扭矩，Q_x、Q_y 为侧面剪力。侧面上的弯矩由正应力产生，扭矩由剪应力产生。

在图 7-3 中，微元体上的正应力 σ_x、σ_y 和剪应力 τ_{xy}，可在截面上合成其力矩，即

M_x（yOz 面上），由 σ_x 产生的绕 y 轴弯矩；

M_y（xOz 面上），由 σ_y 产生的绕 x 轴弯矩。

M_{xy}，由剪应力产生的扭矩。

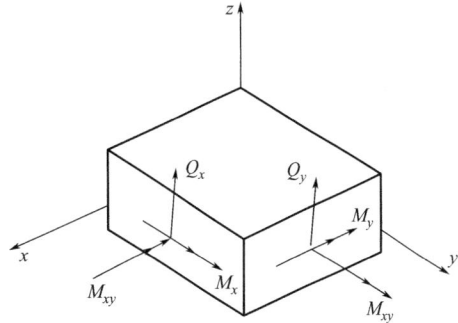

图 7-2 平板内力

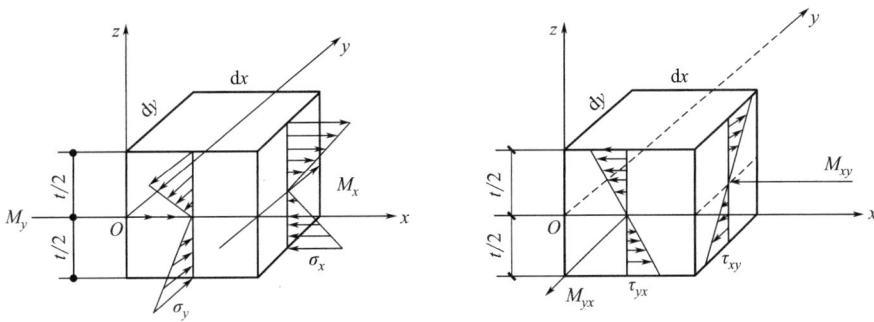

图 7-3 微元体 $t\,dx\,dy$

7.1.3 小挠度弯曲理论

在薄板弯曲时，中面所弯成的曲面，称为薄板的弹性曲面。对应地，中面内各点在垂直于中面方向的位移称为挠度。线弹性薄板理论只讨论所谓的小挠度弯曲的情况，即薄板虽然很薄，但仍然具有相当的弯曲刚度，因而它的挠度远小于它的厚度。如果薄板的弯曲刚度很小，以至于其挠度与厚度属于同阶大小，则必须依据大变形理论进行分析。

根据 Kirchhoff 理论，在对薄板按小挠度弯曲问题进行分析时，采用了下述三个基本假定：

（1）忽略板厚度方向正应力，且薄板厚度没有变化；

（2）变形前垂直于板中面的法线，变形后仍垂直于中面；

（3）板的中面只发生弯曲变形，中面内没有伸缩变形，即中面内各点不考虑平行于中面的位移。

取薄板的中面为 xOy，依据第一条假定，可知：垂直于中面方向的正应变（即应变分量 ε_z）极其微小，可以忽略不计。取 $\varepsilon_z = 0$，则由几何方程第三式得：

$$\frac{\partial w}{\partial z} = 0 \tag{7-1}$$

故有

$$w = w(x, y) \tag{7-2}$$

这说明，在中面的任一根法线上，薄板全厚度内的所有各点都具有相同的位移 w，且等于挠度。

依据第一条假定和第二条假定，应力分量 τ_{zx}、τ_{zy} 和 σ_z 所引起的应变可以忽略不计，远小于其余三个应力分量，因而是次要的。这样除 $\varepsilon_z = 0$ 外，尚有：

$$\gamma_{zx} = 0, \quad \gamma_{zy} = 0 \tag{7-3}$$

由于 $\varepsilon_z = 0$，$\gamma_{zx} = 0$ 和 $\gamma_{zy} = 0$，所以中面的法线在薄板弯曲时保持不伸缩，并成为弹性曲面的法线。此外，由于不计 σ_z 所引起的应变，故其物理方程为

$$\left.\begin{array}{l} \varepsilon_x = \dfrac{1}{E}(\sigma_x - \mu\sigma_y) \\[2mm] \varepsilon_y = \dfrac{1}{E}(\sigma_y - \mu\sigma_x) \\[2mm] \gamma_{xy} = \dfrac{2(1+\mu)}{E}\tau_{xy} \end{array}\right\} \tag{7-4}$$

可见，薄板弯曲问题的物理方程与薄板平面应力问题的物理方程是一样的。

依据第三条假定，薄板中面内的各点都没有平行于中面的位移，即

$$u\big|_{z=0} = 0, \quad v\big|_{z=0} = 0 \tag{7-5}$$

因为

$$\varepsilon_x = \frac{\partial u}{\partial x}, \quad \varepsilon_y = \frac{\partial v}{\partial y}, \quad \gamma_{xy} = \frac{\partial v}{\partial x} + \frac{\partial u}{\partial y} \tag{7-6}$$

故有

$$\varepsilon_x\big|_{z=0} = 0, \quad \varepsilon_y\big|_{z=0} = 0, \quad \gamma_{xy}\big|_{z=0} = 0 \tag{7-7}$$

这就是说，在中面上任取一部分，尽管弯曲变形后成为弹性曲面的一部分，但它在 xOy 面上的投影形状却保持不变。

7.1.4 基本方程

根据几何方程，可知

$$\gamma_{zx} = \frac{\partial w}{\partial x} + \frac{\partial u}{\partial z}, \quad \gamma_{zy} = \frac{\partial w}{\partial y} + \frac{\partial v}{\partial z} \tag{7-8}$$

由 γ_{zx} 和 γ_{zy} 为零，可得

$$\frac{\partial u}{\partial z} + \frac{\partial w}{\partial x} = 0, \quad \frac{\partial w}{\partial y} + \frac{\partial v}{\partial z} = 0 \tag{7-9}$$

故有

$$\frac{\partial u}{\partial z} = -\frac{\partial w}{\partial x}, \ \frac{\partial v}{\partial z} = -\frac{\partial w}{\partial y} \tag{7-10}$$

即

$$u = -z\frac{\partial w}{\partial x}, \ v = -z\frac{\partial w}{\partial y} \tag{7-11}$$

微元体内任意一点应变为

$$\{\boldsymbol{\varepsilon}\} = \begin{Bmatrix} \varepsilon_x \\ \varepsilon_y \\ \gamma_{xy} \end{Bmatrix} = \begin{bmatrix} \dfrac{\partial u}{\partial x} & \dfrac{\partial v}{\partial y} & \dfrac{\partial u}{\partial y} + \dfrac{\partial v}{\partial x} \end{bmatrix}^{\mathrm{T}} = -z\begin{bmatrix} \dfrac{\partial^2 w}{\partial x^2} & \dfrac{\partial^2 w}{\partial y^2} & 2\dfrac{\partial^2 w}{\partial x \partial y} \end{bmatrix}^{\mathrm{T}} = z\{\boldsymbol{\chi}\}$$

$$\tag{7-12}$$

式中 $\{\boldsymbol{\chi}\}$——曲率、扭率列阵。

在此基础上，可以求出微元体内对应点的应力为

$$\{\boldsymbol{\sigma}\} = \begin{Bmatrix} \sigma_x \\ \sigma_y \\ \tau_{xy} \end{Bmatrix} = [\boldsymbol{D}]\{\boldsymbol{\varepsilon}\} = -z[\boldsymbol{D}]\begin{bmatrix} \dfrac{\partial^2 w}{\partial x^2} & \dfrac{\partial^2 w}{\partial y^2} & 2\dfrac{\partial^2 w}{\partial x \partial y} \end{bmatrix}^{\mathrm{T}} = z[\boldsymbol{D}][\boldsymbol{\chi}] \tag{7-13}$$

式中 $[\boldsymbol{D}]$——平板的弹性矩阵。它与平面应力问题中的弹性矩阵完全相同，可以表示为

$$[\boldsymbol{D}] = \frac{E}{1-\mu^2}\begin{bmatrix} 1 & \mu & 0 \\ \mu & 1 & 0 \\ 0 & 0 & \dfrac{1-\mu}{2} \end{bmatrix} \tag{7-14}$$

若用 M_x、M_y、M_{xy} 表示单位宽度上的内力矩，则

$$\{\boldsymbol{M}\} = \begin{Bmatrix} M_x \\ M_y \\ M_{xy} \end{Bmatrix} = \int_{-h/2}^{h/2} z\{\sigma\}\,\mathrm{d}z = \frac{-h^3}{12}[\boldsymbol{D}]\begin{bmatrix} \dfrac{\partial^2 w}{\partial x^2} & \dfrac{\partial^2 w}{\partial y^2} & 2\dfrac{\partial^2 w}{\partial x \partial y} \end{bmatrix}^{\mathrm{T}} = [\boldsymbol{D}_{\mathrm{f}}]\,[\boldsymbol{\chi}]$$

$$\tag{7-15}$$

式中 $[\boldsymbol{D}_{\mathrm{f}}]$——薄板弯曲弹性矩阵。

比较式（7-13）和式（7-15），可将平板应力用单位宽度上的内力矩表示为

$$\{\boldsymbol{\sigma}\} = \frac{12z}{h^3}\{\boldsymbol{M}\} \tag{7-16}$$

基于上式，可知在平板上下表面处应力为最大：

$$\{\boldsymbol{\sigma}\} = \pm\frac{6}{h^2}\{\boldsymbol{M}\} \tag{7-17}$$

综上所述，可以对薄板的小挠度弯曲问题进行如下概述：薄板的形变和内力完全取决于中面的位移，更进一步取决于中面的挠度 w。这是因为中面在水平方向不产生位移，仅考虑竖直方向的位移。

7.2　矩形薄板单元

按薄板弯曲的基本假定，板内各点的位移为

$$u = -z\frac{\partial w}{\partial x}, \quad v = -z\frac{\partial w}{\partial y}, \quad w = w(x, y) \tag{7-18}$$

可见,在平板中面各点 $u = v = 0$,即不产生平面方向的位移,这就是说中面在受力后不会伸长。同时,平板中各点的挠度 w 与坐标 z 无关,过任一点中面法线上各点的挠度均相等。在此基础上,板内各点的应变、应力和内力矩均可用中面对应挠度函数的偏微分表示。

7.2.1 矩形单元的位移模式

若将平板中面用一系列矩形单元进行离散化,便可得到一个离散的平板系统,如图 7-4 所示。由于平板矩形单元之间存在法向力和力矩的传递,所以单元在节点处必须按刚接处理,而不能按平面问题中铰接处理。这样,在每个节点处除横向挠度以外,还包括与该节点交汇的矩形两条边分别沿 x 和 y 方向的两个转角。转角能够用挠度的一阶偏导数表示,并被视为广义位移。因此,一个节点位移实质上包括横向挠度和两个转角三个分量,如图 7-5 所示。这样,节点 i 的位移及其与之对应的节点力可表示为:

$$\{\boldsymbol{\delta}_i\} = \begin{Bmatrix} w_i \\ \theta_{xi} \\ \theta_{yi} \end{Bmatrix} = \begin{Bmatrix} w_i \\ \left(\dfrac{\partial w}{\partial y}\right)_i \\ -\left(\dfrac{\partial w}{\partial x}\right)_i \end{Bmatrix} \quad (i = 1, 2, 3, 4) \tag{7-19}$$

$$\{\boldsymbol{F}_i\} = \begin{Bmatrix} W_i \\ M_{\theta xi} \\ M_{\theta yi} \end{Bmatrix} \quad (i = 1, 2, 3, 4) \tag{7-20}$$

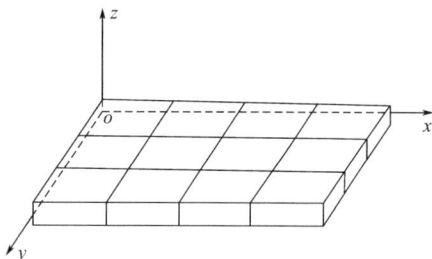

图 7-4 薄板划分为矩形单元

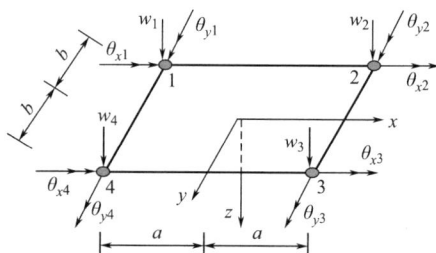

图 7-5 矩形单元节点位移

一般规定,挠度 w 和与之对应的节点力 W 以沿轴的正向为正,转角 θ_x、θ_y 和与之对应的节点力矩 $M_{\theta x}$、$M_{\theta y}$ 按右手定则标出的矢量沿坐标轴正方向为正。为简化计算,对于每个矩形单元可引入局部坐标系 $\xi O'\eta$,局部坐标系与整体坐标系之间的坐标变换关系如下:

$$\left.\begin{array}{l} x = x_0 + a\xi \\ y = y_0 + b\eta \end{array}\right\} \tag{7-21}$$

式中　x_0、y_0——矩形单元中心的整体坐标。

矩形单元每个节点有三个位移分量,而每个单元有四个节点共有十二个节点位移分量。所以,应选取含有十二个参数的多项式作为矩形单元的位移模式,即:

$$w = \alpha_1 + \alpha_2\xi + \alpha_3\eta + \alpha_4\xi^2 + \alpha_5\xi\eta + \alpha_6\eta^2 + \alpha_7\xi^3 + \alpha_8\xi^2\eta + \alpha_9\xi\eta^2 + \alpha_{10}\eta^3 + \alpha_{11}\xi^3\eta + \alpha_{12}\xi\eta^3$$

$$\tag{7-22}$$

$$\theta_x = \frac{\partial w}{\partial y} = \frac{\partial w}{b\partial \eta} = \frac{1}{b}(\alpha_3 + \alpha_5\xi + 2\alpha_6\eta + \alpha_8\xi^2 + 2\alpha_9\xi\eta + 3\alpha_{10}\eta^2 + \alpha_{11}\xi^3 + 3\alpha_{12}\xi\eta^2)$$

$$\theta_y = -\frac{\partial w}{\partial x} = -\frac{\partial w}{a\partial \xi} = -\frac{1}{a}(\alpha_2 + 2\alpha_4\xi + \alpha_5\eta + 3\alpha_7\xi^2 + 2\alpha_8\xi\eta + \alpha_9\eta^2 + 3\alpha_{11}\xi^2\eta + \alpha_{12}\eta^3)$$

$$(7-23)$$

式中 a、b——分别是单元长或宽的 1/2。

将矩形单元四个节点各自的坐标值与广义位移分别代入式 (7-22) 和式 (7-23)，即可求得位移模式中的十二个参数。然后，再代入式 (7-22)，整理可得

$$w = \sum_{i=1}^{4}(N_i w_i + N_{xi}\theta_{xi} + N_{yi}\theta_{yi}) = \sum_{i=1}^{4}[\boldsymbol{N}]_i\{\boldsymbol{\delta}_i\} = [\boldsymbol{N}]\{\boldsymbol{\delta}\}^e \qquad (7-24)$$

式中，$[\boldsymbol{N}] = [[\boldsymbol{N}]_1 \quad [\boldsymbol{N}]_2 \quad [\boldsymbol{N}]_3 \quad [\boldsymbol{N}]_4]$

$\{\boldsymbol{\delta}\}^e = [\boldsymbol{\delta}_1^T \quad \boldsymbol{\delta}_2^T \quad \boldsymbol{\delta}_3^T \quad \boldsymbol{\delta}_4^T]^T$

$[\boldsymbol{N}]_i = [N_i \quad N_{xi} \quad N_{yi}](i=1,2,3,4)$

形函数每个分量为

$$N_i = (1+\xi_0)(1+\eta_0)(2+\xi_0+\eta_0-\xi^2-\eta^2)/8$$
$$N_{xi} = -b\eta_i(1+\xi_0)(1+\eta_0)(1-\eta^2)/8$$
$$N_{yi} = a\xi_i(1+\xi_0)(1+\eta_0)(1-\xi^2)/8$$

$$(7-25)$$

式中，$\xi_0 = \xi_i\xi$；$\eta_0 = \eta_i\eta$。

7.2.2 矩形单元的刚度矩阵

将式 (7-24) 代入式 (7-12)，得

$$\{\boldsymbol{\varepsilon}\} = \begin{Bmatrix} \varepsilon_x \\ \varepsilon_y \\ \gamma_{xy} \end{Bmatrix} = \begin{Bmatrix} \dfrac{\partial u}{\partial x} \\ \dfrac{\partial v}{\partial y} \\ \dfrac{\partial u}{\partial y} + \dfrac{\partial v}{\partial x} \end{Bmatrix} = -z \begin{Bmatrix} \dfrac{\partial^2 w}{\partial x^2} \\ \dfrac{\partial^2 w}{\partial y^2} \\ 2\dfrac{\partial^2 w}{\partial x\partial y} \end{Bmatrix} = [\boldsymbol{B}]\{\boldsymbol{\delta}\}^e \qquad (7-26)$$

式中 $[\boldsymbol{B}] = [\boldsymbol{B}_1 \quad \boldsymbol{B}_2 \quad \boldsymbol{B}_3 \quad \boldsymbol{B}_4]$

$$\boldsymbol{B}_i = -z\begin{bmatrix} \dfrac{\partial^2 N_i}{\partial x^2} \\ \dfrac{\partial^2 N_i}{\partial y^2} \\ 2\dfrac{\partial^2 N_i}{\partial x\partial y} \end{bmatrix} = -z\begin{bmatrix} \dfrac{1}{a^2}\dfrac{\partial^2 N_i}{\partial \xi^2} \\ \dfrac{1}{b^2}\dfrac{\partial^2 N_i}{\partial \eta^2} \\ \dfrac{2}{ab}\dfrac{\partial^2 N_i}{\partial \xi\partial \eta} \end{bmatrix} = -\dfrac{z}{ab}\begin{bmatrix} \dfrac{b}{a}\dfrac{\partial^2 N_i}{\partial \xi^2} \\ \dfrac{a}{b}\dfrac{\partial^2 N_i}{\partial \eta^2} \\ 2\dfrac{\partial^2 N_i}{\partial \xi\partial \eta} \end{bmatrix} \qquad (7-27)$$

$$\frac{\partial^2 N_i}{\partial x^2} = N_{i,xx}$$

$$\frac{\partial^2 N_i}{\partial \xi^2} = N_{i,\xi\xi}$$

参考应力与应变关系，将上式代入式 (7-26)，可求得对应点的应变。

$$\boldsymbol{B}_i = \frac{z}{4ab}\begin{bmatrix} 3\frac{b}{a}\xi_0(1+\eta_0) & 0 & b\xi_i(1+3\xi_0)(1+\eta_0) \\ 3\frac{b}{a}\eta_0(1+\xi_0) & -a\eta_i(1+\xi_0)(1+3\eta_0) & 0 \\ \xi_i\eta_i(3\xi^2+3\eta^2-4) & -b\xi_i(3\eta^2+2\eta_0-1) & a\eta_i(3\xi^2+2\xi_0-1) \end{bmatrix}$$
$$i=(1,2,3) \tag{7-28}$$

基于单元刚度矩阵的普遍表达式以及矩形单元节点数量、节点自由度个数，其刚度矩阵可以写成如下形式：

$$[\boldsymbol{k}]=\begin{bmatrix} \boldsymbol{k}_{11} & \boldsymbol{k}_{12} & \boldsymbol{k}_{13} & \boldsymbol{k}_{14} \\ \boldsymbol{k}_{21} & \boldsymbol{k}_{22} & \boldsymbol{k}_{23} & \boldsymbol{k}_{24} \\ \boldsymbol{k}_{31} & \boldsymbol{k}_{32} & \boldsymbol{k}_{33} & \boldsymbol{k}_{34} \\ \boldsymbol{k}_{41} & \boldsymbol{k}_{42} & \boldsymbol{k}_{43} & \boldsymbol{k}_{44} \end{bmatrix} \tag{7-29}$$

其中子矩阵为

$$[\boldsymbol{k}_{ij}]=\iiint[\boldsymbol{B}_i]^{\mathrm{T}}[\boldsymbol{D}][\boldsymbol{B}_j]\mathrm{d}x\mathrm{d}y\mathrm{d}z=\int_{-h/2}^{h/2}\int_{-1}^{1}\int_{-1}^{1}[\boldsymbol{B}_i]^{\mathrm{T}}[\boldsymbol{D}][\boldsymbol{B}_j]ab\mathrm{d}\xi\mathrm{d}\eta$$
$$=\frac{D}{ab}\int_{-1}^{1}\int_{-1}^{1}\Big(\frac{b^2}{a^2}[\boldsymbol{N}]_{i,\xi\xi}^{\mathrm{T}}[\boldsymbol{N}]_{j,\xi\xi}+\mu[\boldsymbol{N}]_{i,\xi\xi}^{\mathrm{T}}[\boldsymbol{N}]_{j,\eta\eta}+\mu[\boldsymbol{N}]_{i,\eta\eta}^{\mathrm{T}}[\boldsymbol{N}]_{j,\xi\xi} \tag{7-30}$$
$$+\frac{b^2}{a^2}[\boldsymbol{N}]_{i,\eta\eta}^{\mathrm{T}}[\boldsymbol{N}]_{j,\eta\eta}+2(1-\mu)[\boldsymbol{N}]_{j,\xi\eta}^{\mathrm{T}}[\boldsymbol{N}]_{j,\xi\eta}\Big)\mathrm{d}\xi\mathrm{d}\eta$$

式中，$D=\dfrac{Eh^3}{12(1-\mu^2)}$。

7.2.3 矩形单元的等效节点力

当平板单元受有分布横向载荷 q 时，其相应的等效节点力为

$$\{\boldsymbol{Q}_i\}^{\mathrm{e}}=\left\{\begin{array}{c}\overline{W}_i \\ \overline{M}_{\theta xi} \\ \overline{M}_{\theta yi}\end{array}\right\}=\int_{-1}^{1}\int_{-1}^{1}q([\boldsymbol{N}]_i)^{\mathrm{T}}ab\mathrm{d}\xi\mathrm{d}\eta \quad (i=1,2,3,4) \tag{7-31}$$

若 $q=q_0$ 且为常量时，有

$$\overline{W}_i=q_0ab \tag{7-32}$$

$$\overline{M}_{\theta xi}=-\frac{q_0ab^2}{3}\eta_i \tag{7-33}$$

$$\overline{M}_{\theta yi}=\frac{q_0a^2b}{3}\xi_i \tag{7-34}$$

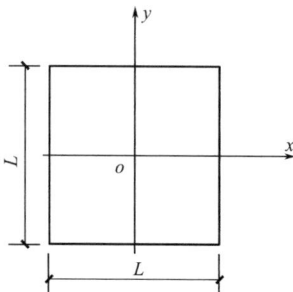

图 7-6 方形板示意图

例题 7.1 如图 7-6 所示的方形板厚度为 h，板上受均布载荷 q 作用或板中心点处受集中载荷 P 作用，方形板中心点 o 处的挠度 $w_{\max}$ 一般可表示为

$$w_{\max}=\lambda\frac{qL^4}{D} \text{ 或 } w_{\max}=\lambda\frac{PL^2}{D}$$

式中

$$D=\frac{Eh^3}{12(1-\mu^2)}$$

解： 由于平板与荷载的对称性，计算时可将右上角的 1/4 结构进行建模。模型离散化时，可将其分别按 2×2、4×4、8×8、12×12、16×16 的网格划分四边形单元。随着单元尺寸的减小，计算精度会逐渐增加，趋于解析解。按照四边固支、四边简支以及分别承受均布荷载、集中荷载的不同情况，方形板中心挠度系数对比结果见表 7-1。

方形板中心挠度系数对比 表 7-1

单元数	四边固支		四边简支	
	均布载荷 q	集中载荷 P	均布载荷 q	集中载荷 P
2×2	0.00148	0.00592	0.00345	0.01380
4×4	0.00140	0.00586	0.00394	0.01230
8×8	0.00130	0.00580	0.00403	0.01180
12×12	0.00128	0.00571	0.00405	0.01170
16×16	0.00127	0.00567	0.00406	0.01160
解析解	0.00126	0.00560	0.00406	0.01160

7.3 三角形薄板单元

矩形单元计算精度高，但三角形板单元更容易模拟复杂的边界形状，譬如曲线边界。基于此，下面结合三角形薄板单元进行阐述分析。

7.3.1 三角形单元的位移模式

采用不同的节点数和不同的单元位移函数可以构造不同的三角形板单元。图 7-7 是一个常见的三节点三角形板单元。与矩形单元一样，假定每个节点有三个位移参数，即挠度 ω、绕轴 x 的转角 θ_x、绕轴 y 的转角 θ_y，这样单元的节点位移 $\{\pmb{\delta}\}^e$ 共有 9 个分量，可用向量表示为

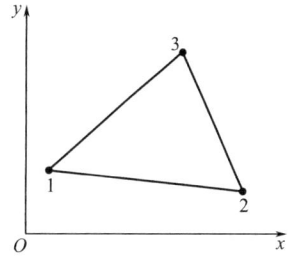

图 7-7 三角形板单元

$$\{\pmb{\delta}\}^e = \begin{bmatrix} \omega_1 & \theta_{1x} & \theta_{1y} & \omega_2 & \theta_{2x} & \theta_{2y} & \omega_3 & \theta_{3x} & \theta_{3y} \end{bmatrix}^T$$

(7-35)

如果单元位移函数取 x、y 的多项式，则多项式最多只能有 9 项，而 x、y 的三次完全多项式有 10 项，即

$$w = \alpha_1 + \alpha_2 x + \alpha_3 y + \alpha_4 x^2 + \alpha_5 xy + \alpha_6 y^2 + \alpha_7 x^3 + \alpha_8 x^2 y + \alpha_9 xy^2 + \alpha_{10} y^3 \quad (7-36)$$

由于三个节点只有 9 个位移分量用于确定多项式的系数，所以必须从上式中去掉一项，或者减少一个待定系数。考虑解的收敛性和 x、y 的对称性，处理这一问题比较困难。但是采用面积坐标构成不同的插值方式，这一问题可以解决。

三角形单元的面积坐标为

$$L_i = \frac{1}{2A}(a_i + b_i x + c_i y) \quad (i = 1, 2, 3) \quad (7-37)$$

其中，A 为三角形单元的面积，L_i 为形函数。面积坐标的一次式、二次式和三次式分别包含以下各项：

一次式：L_1，L_2，L_3

二次式：$L_1{}^2$，$L_2{}^2$，$L_3{}^2$，L_1L_2，L_1L_3，L_2L_3

三次式：$L_1{}^3$，$L_2{}^3$，$L_3{}^3$，$L_1{}^2L_2$，$L_2{}^2L_3$，$L_3{}^2L_1$，$L_1L_2{}^2$，$L_2L_3{}^2$，$L_1{}^2L_3$，$L_1L_2L_3$

由于面积坐标 L_1、L_2、L_3 相互不独立，即 $L_1+L_2+L_3=1$，经过不同组合，可以假设出不同的单元位移函数，有了单元位移函数，就可以按常规的过程计算单元刚度矩阵。现在采用面积坐标并取如下形式的单元位移函数：

$$w=\alpha_1 L_1+\alpha_2 L_2+\alpha_3 L_3+\alpha_4 L_2 L_3+\alpha_5 L_3 L_1+\alpha_6 L_1 L_2+\alpha_7(L_2 L_3{}^2-L_3 L_2{}^2)+$$
$$\alpha_8(L_3 L_1{}^2-L_1 L_3{}^2)+\alpha_9(L_1 L_2{}^2-L_2 L_1{}^2)$$

$$(7\text{-}38)$$

在上式中，前三项是一次项，它们代表刚体位移。次三项是二次项，它们代表常应变。最后三项是三次项。二次式中的二次项有 6 个，只选了其中 3 个；三次式中的三次项有 10 个，只选了其中 6 个并进行了适当的组合。

对式（7-38）求偏导数 $\partial w/\partial x$，$\partial w/\partial y$，并将单元的三个节点坐标代入 w，$\partial w/\partial x$，$\partial w/\partial y$，可得 9 个方程，即

$$w_i=w(x_i,\ y_i),\ \theta_{ix}=\left(\frac{\partial w}{\partial y}\right)_i,\ \theta_{iy}=-\left(\frac{\partial w}{\partial x}\right)_i\quad(i=1,2,3)\qquad(7\text{-}39)$$

式（7-39）有 9 个方程，可以求出 9 个系数 $\alpha_1\sim\alpha_9$，再将 $\alpha_1\sim\alpha_9$ 代入式（7-38），经整理后单元位移函数可写为：

$$w=[\boldsymbol{N}]_{1\times9}\{\boldsymbol{\delta}\}_{9\times1}=\big[[\boldsymbol{N}_1]\ [\boldsymbol{N}_2]\ [\boldsymbol{N}_3]\big]\{\boldsymbol{\delta}\}^e\qquad(7\text{-}40)$$

其中，$\{\boldsymbol{\delta}\}^e$ 是单元节点位移列阵；$[\boldsymbol{N}]$ 为形函数矩阵。

每个节点对应的形函数为 $[\boldsymbol{N}_i]=[N_i\quad N_{ix}\quad N_{iy}]$，$i=1$，2，3。与每个节点对应的形函数分量分别按下式计算：

$$N_1=L_1+L_1{}^2L_2+L_1{}^2L_3-L_1L_2{}^2-L_1L_3{}^2$$

$$N_{1x}=b_2 L_1{}^2L_3-b_3 L_1{}^2L_2+\frac{1}{2}(b_2-b_3)L_1L_2L_3$$

$$N_{1y}=c_2 L_1{}^2L_3-c_3 L_1{}^2L_2+\frac{1}{2}(c_2-c_3)L_1L_2L_3$$

$$N_2=L_2+L_2{}^2L_3+L_2{}^2L_1-L_2L_3{}^2-L_2L_1{}^2$$

$$N_{2x}=b_3 L_2{}^2L_1-b_1 L_2{}^2L_3+\frac{1}{2}(b_3-b_1)L_1L_2L_3$$

$$N_{2y}=c_3 L_2{}^2L_1-c_1 L_2{}^2L_3+\frac{1}{2}(c_3-c_1)L_1L_2L_3$$

$$N_3=L_3+L_3{}^2L_1+L_3{}^2L_2-L_3L_1{}^2-L_3L_2{}^2$$

$$N_{3x}=b_1 L_3{}^2L_2-b_2 L_3{}^2L_1+\frac{1}{2}(b_1-b_2)L_1L_2L_3$$

$$N_{3y}=c_1 L_3{}^2L_2-c_2 L_3{}^2L_1+\frac{1}{2}(c_1-c_2)L_1L_2L_3$$

上述形函数分量仍然满足在对应节点匹配的自由度处的基本性质，即"本地为 1，它处为零"。

7.3.2 三角形单元的刚度方程

确定了单元位移函数，就可以得单元应变矩阵 $[\boldsymbol{B}]$，进而再按照标准化的步骤计算

单元刚度矩阵 $[\boldsymbol{k}]^{\mathrm{e}}$

$$[\boldsymbol{k}]^{\mathrm{e}} = \int_{\Omega} [\boldsymbol{B}]^{\mathrm{T}} [\boldsymbol{D}] [\boldsymbol{B}] \, \mathrm{d}V \tag{7-41}$$

式中 V——单元体积。

与节点位移对应，一个单元的节点力 $\{\boldsymbol{R}\}^{\mathrm{e}}$ 有9个分量，用列阵表示为

$$\{\boldsymbol{R}\}^{\mathrm{e}} = [R_{1z} M_{1x} M_{1y} \quad R_{2z} M_{2x} M_{2y} \quad R_{3z} M_{3x} M_{3y}]^{\mathrm{T}} \tag{7-42}$$

则单元节点力与节点位移的关系为

$$\{\boldsymbol{R}\}^{\mathrm{e}} = [\boldsymbol{k}]^{\mathrm{e}} \{\boldsymbol{\delta}\}^{\mathrm{e}} \tag{7-43}$$

这种位移模式在相邻单元间的挠度和沿边界切线方向的斜率是连续的，但是其法线方向的斜率是不连续的，因此，这种单元是一种完备的非协调单元。

板单元有协调元和非协调元，只要非协调单元能通过分片试验，则单元是可以使用的。从多项式挠度函数的构造来讲，每个节点选用三个位移参数，一般不容易满足斜率连续性的要求，但是，由于其形式比较简单，所以非协调板元也是一种常采用的单元。

7.4 壳体弯曲问题

除了平板，壳体也是一种常见的结构形式，如图7-8所示。对于两个曲面所限定的物体，如果曲面之间的距离明显小于物体其他方向的尺寸，就称之为壳体，并且这两个曲面称为壳面。距两壳面等远的点所形成的曲面，称为中间曲面，简称为中面。中面的法线被两壳面截断的长度，称为壳体的厚度。

类似地，壳体分为薄壳和厚壳。如果壳体的厚度 h 远小于壳体中面的最小曲率半径 R，即比值 h/R 很小，这种壳体就称为薄壳。反之，即为厚壳。

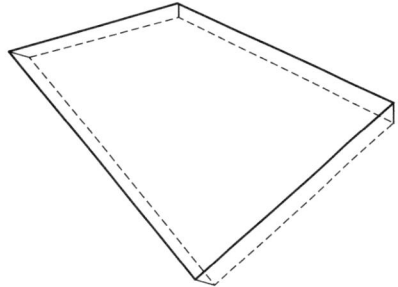

图7-8 壳状连续体

对于薄壳，沿厚度方向的挤压变形和应力可以忽略，可以求得一些近似的、工程上足够精确的解答。对于厚壳，与厚板类似，计算更为复杂，一般只能作为空间问题来处理。本节主要讨论线弹性薄壳弯曲问题。

壳体可以视作从平板演变而来。在分析薄壳的应力时，薄板理论中的基本假定同样有效。但是壳与板也有明显的不同，除了几何形状的差异以外，在受力时壳体的变形与平板变形相比有很大的不同。壳体除了整体的弯曲变形以外，中面还发生伸缩变形，所以壳体中的内力包括弯曲内力和中面内力。

7.4.1 基本假定

（1）垂直于中面方向的正应变极其微小，可以不计。

（2）中面的法线总保持为直线，且中面法线及其垂直线段之间的直角也保持不变，即这两方向的剪应变为零。

（3）在与中面平行的截面上，正应力（即挤压应力）远小于其垂直面上的正应力，因

而它对变形的影响可以不计。

7.4.2　计算方法

使用有限单元法分析薄壳结构时，有两种途径，即采用平面单元或曲面单元。曲面单元是将壳体直接离散成有限个曲面，按照壳体理论处理；平面单元是将其划分为薄板单元，用一系列折板去替代原来的薄壳结构，如图7-9所示。平面单元尽管存在几何上的离散误差，但误差可以通过网格尺寸的减小而进行有效控制。

壳体平面单元的应力状态是由平面应力和弯曲应力叠加而成。在构造壳体平面单元时，只要将平面单元与平板单元进行简单的组合即可。下面给出壳体平面按照平面单元进行计算分析的基本步骤：

（1）划分单元，选定整体坐标系后算出各节点在整体坐标系中的坐标值。

（2）对各单元，先在局部坐标系中确定节点载荷向量，然后通过变换矩阵求得整体坐标系下的单元节点载荷向量，进行单元的简单叠加，便可获得壳体结构在整体坐标系下的节点载荷向量。

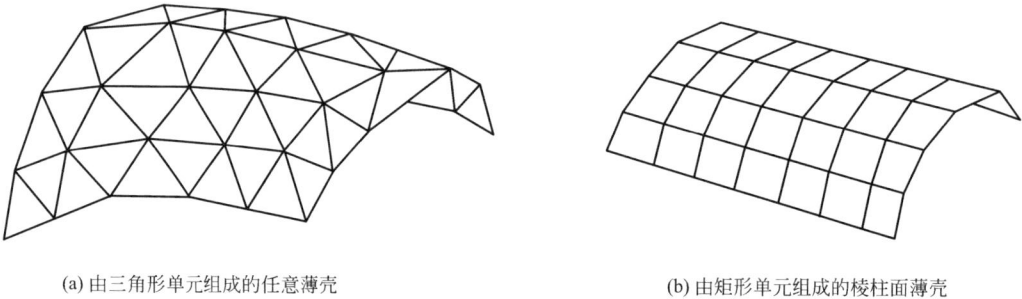

(a) 由三角形单元组成的任意薄壳　　　　　　　　　(b) 由矩形单元组成的棱柱面薄壳

图 7-9　不同单元组成的薄壳

壳体载荷可以分解为两组，一组是作用在平面内，另一组则是垂直作用于平面。前一组可用平面问题中的计算方法，后一组可用平板弯曲问题中的计算方法。壳体平面单元在局部坐标系中，每个节点都有五个广义节点位移和对应的节点荷载，即

$$\left. \begin{array}{l} \{\boldsymbol{\delta}'_i\} = \begin{bmatrix} u'_i & v'_i & w'_i & \theta'_{xi} & \theta'_{yi} \end{bmatrix}^{\mathrm{T}} \\ \{\boldsymbol{F}'_i\} = \begin{bmatrix} U'_i & V'_i & W'_i & M'_{\theta xi} & M'_{\theta yi} \end{bmatrix}^{\mathrm{T}} \end{array} \right\} \tag{7-44}$$

很显然，节点位移或节点荷载中前两个分量对应于平面应力问题，后三个分量对应于平板弯曲问题。由于在整体坐标系中，节点位移和节点力分别具有六个分量，即

$$\left. \begin{array}{l} \{\boldsymbol{\delta}_i\} = \begin{bmatrix} u_i & v_i & w_i & \theta_{xi} & \theta_{yi} & \theta_{zi} \end{bmatrix}^{\mathrm{T}} \\ \{\boldsymbol{F}_i\} = \begin{bmatrix} U_i & V_i & W_i & M_{\theta xi} & M_{\theta yi} & M_{\theta zi} \end{bmatrix}^{\mathrm{T}} \end{array} \right\} \tag{7-45}$$

为方便坐标变换后，在整体坐标系下各参数分量的计算，可将局部坐标系下的节点位移和节点力分量扩展为六个，即

$$\left. \begin{array}{l} \{\boldsymbol{\delta}'_i\} = \begin{bmatrix} u'_i & v'_i & w'_i & \theta'_{xi} & \theta'_{yi} & \theta'_{zi} \end{bmatrix}^{\mathrm{T}} \\ \{\boldsymbol{F}'_i\} = \begin{bmatrix} U'_i & V'_i & W'_i & M'_{\theta xi} & M'_{\theta yi} & M'_{\theta zi} \end{bmatrix}^{\mathrm{T}} \end{array} \right\} \tag{7-46}$$

式中，θ'_{zi} 与 $M'_{\theta zi}$ 总是等于零。

（3）建立局部坐标系下的单元刚度矩阵 $[\boldsymbol{k}'_{rs}]$，从而求出整体坐标系中的单元刚度矩阵 $[\boldsymbol{k}]$。若将单元刚度矩阵对应于单元节点数划分为 $n \times n$ 个子矩阵，每个子矩阵都是

6×6 阶，则 $[k'_{rs}]$ 的子矩阵具有以下形式

$$[k'_{rs}] = \begin{bmatrix} [k'^{p}_{rs}] & 0 & 0 & 0 & 0 \\ 0 & 0 & 0 & 0 & 0 \\ 0 & 0 & [k'^{b}_{rs}] & 0 & 0 \\ 0 & 0 & 0 & 0 & 0 \end{bmatrix} \quad (r,s=1,2,\cdots,n) \tag{7-47}$$

式中，$[k'^{p}_{rs}]$ 和 $[k'^{b}_{rs}]$ 分别对应于平面应力问题和平板弯曲问题的子矩阵。

（4）参考杆系结构中，单元刚度矩阵由局部坐标系下转换到整体坐标系下的坐标变换关系式，可知

$$k = T^{\mathrm{T}} k' T \tag{7-48}$$

其中对应于三角形单元 $T = \begin{bmatrix} \lambda & 0 & 0 \\ 0 & \lambda & 0 \\ 0 & 0 & \lambda \end{bmatrix}$，四边形单元则 $T = \begin{bmatrix} \lambda & 0 & 0 & 0 \\ 0 & \lambda & 0 & 0 \\ 0 & 0 & \lambda & 0 \\ 0 & 0 & 0 & \lambda \end{bmatrix}$，$\lambda$ 为空间基

变换中对应的方向余弦矩阵。

（5）集成整体刚度矩阵和等效节点荷载。一般可以参照节点编号，对号入座，仍可按照杆系结构或者平面问题中的方法进行。除此之外，另一种方法是直接将单元刚度矩阵或者单元等效节点荷载按照整体刚度矩阵或者整体等效节点荷载进行扩阶，然后直接进行矩阵求和计算（向量视为列矩阵）。

整体刚度方程可表示为

$$[K]\{\delta\} = \{F\} \tag{7-49}$$

（6）计算应力。求出节点位移之后，可按平面应力和平板弯曲问题中给出的计算公式分别求得各应力分量，然后壳体中的应力分量可通过简单的叠加计算求得，如下：

$$\left. \begin{aligned} \sigma_x &= \sigma_x^p + \sigma_x^b \\ \sigma_y &= \sigma_y^p + \sigma_y^b \\ \tau_{xy} &= \tau_{xy}^p + \tau_{xy}^b \end{aligned} \right\} \tag{7-50}$$

习　题

1. 薄板、厚板和膜结构如何区分？

2. 什么是薄板中面？

3. 薄板受力时为什么要将荷载分为纵向荷载与横向荷载？

4. 薄板小挠度弯曲理论对挠度变形有什么限制？

5. 关于薄板中面的法线，变形前后要求满足直线法假定，请说明相应的假定内容是什么？

6. 薄板中面在受力情况下可以弯曲，随着弯曲程度增加，在与中面平行的平面上投影区域会如何变化？

7. 什么是壳面？

8. 如何界定壳体厚度？什么是壳体的中间曲面？

9. 壳与板的区别是什么？

10. 薄壳变形与薄板变形有何不同？

11. 薄壳内力与薄板内力有何不同？

12. 如图 7-10 所示的矩形薄板单元中，OA 边为固定边，OC 为简支边，AB 边和 CB 边是自由边。薄板单元除在 B 点作用有横向集中荷载 F 外，还在整个板面上受有均布荷载 q_0。参照薄板计算分析方法，现要求如下：

（1）计算单元节点等效荷载向量；

（2）写出各节点的位移边界条件。

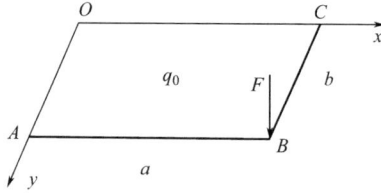

图 7-10　习题 12

13. 针对一块四个角点支承的薄板，其上承受着均布载荷 p。假设平板边界中点和平板中心的挠度和弯矩可分别写成如下形式：

$$w = a\frac{pl^4}{D}, \quad M = \beta pl^2$$

分别与四边简支和四边固定情况相比较，讨论边界中点、平板中心对应的挠度或弯矩的相对大小性问题。

14. 如图 7-11 所示为一四边固定的方板，边长为 l，厚度为 h，弹性模量为 E，泊松比 $\mu = 0.25$，在板的全面积内承受均布法向荷载 q，求薄板中点的挠度和内力。

15. 如图 7-12 所示的是矩形薄板单元，设长、宽分别为 a、b，厚度为 h，弹性模量为 E，泊松比为 μ，试求矩形薄板的单元刚度矩阵。

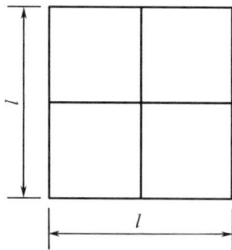

图 7-11　习题 14

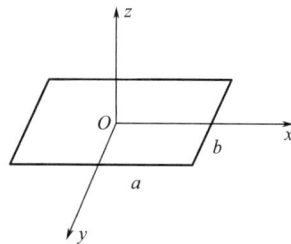

图 7-12　习题 15

第8章 地基土体对货车与波形梁护栏碰撞效应的影响

公路上正常行驶的车辆一旦操纵失控，安装在路侧的护栏就显得极为重要，可避免车辆直接冲出道路发生致命危险。波形梁护栏是最常见的一种被动防护装置，可有效抵御车辆施加的碰撞荷载。依据常规的设计思路，这种护栏可以利用波形梁板、防阻块和立柱的变形来吸收汽车碰撞所产生的能量。但与实际情况不同的是，在这一过程中忽略了地基土体对碰撞过程可能产生的影响。本节通过分别建立不考虑和考虑地基约束作用的碰撞计算模型来研究土体的贡献。在模拟过程中，分别观测了货车的运行轨迹、护栏的变形和土体的变形。此外，也分析了不同部件对碰撞能量的吸收比率。与立柱接触区毗邻的土体因受冲击荷载影响，可能发生剪切失效。整个护栏系统中超过10%的系统能量实际上是由土体吸收的，常用的简化固定基模型跟实际情况有一定的出入。

作为一种被动性的附属防护设施，公路护栏用来防止车辆因意外情况脱离路面进入路侧危险地域或穿越中线进入逆向车道。在刚性护栏、半刚性护栏和柔性护栏三者之中，半刚性护栏在碰撞吸能程度和施工维修成本方面具有最高的性价比，因此在公路沿线被广泛应用，其中又以波形梁护栏最具代表性。波形梁护栏将一系列 W 形截面的金属波形梁板通过防阻块拴接固定在嵌入土中的金属立柱之上，由于具有较好的弹塑性变形能力，可延长碰撞时间，进而削弱碰撞效应。

显而易见，地基土体通过受载后变形可以耗散整个系统的碰撞能量，对于护栏设计而言是有利的。然而，常规的波形梁护栏设计主要考虑通过金属梁板、立柱以及附属的防阻块变形来吸收碰撞能量，一般不考虑立柱嵌入的地基土体对于碰撞过程可能产生的影响。已有的参考文献绝大多数同样也将研究重点着眼于护栏本身，而在护栏碰撞性能测试和数值模拟的研究过程中忽略土体的贡献。鉴于此，本章首先通过分别建立不考虑和考虑地基土体约束的固定基模型和土基模型，然后对比分析汽车、护栏和土体之间的相互作用，最后评判有无土体约束对于车辆和护栏之间碰撞效应的影响程度。

8.1 计算模型描述

考虑粉土路基比较常见，立柱的地基按粉土进行考虑。根据《公路护栏安全性能评价标准》JTG B05-01—2013 中对于半刚性护栏实车碰撞条件的规定，计算模型中选取的车辆为重型厢式货车，钢制波形梁护栏为 23 跨，立柱间距按 2m 布置，总长 46m。计算模型中地基土体宽度取为立柱外侧 2m、内侧 6m，总宽为 8m；土体深度按 2m 计算。数值计算采用 LS-DYNA 进行模拟分析，分别建立不考虑地基土体约束的固定基模型和考虑土体作用的土基模型，如图 8-1 所示。固定基模型在地面处提供一刚性水平约束层，在计算过程中无须对土体进行建模；而土基模型则属于柔性模型，考虑立柱和土的相互作用，二者通过接触传递碰撞荷载。

(a) 土基模型

(b) 固定基模型

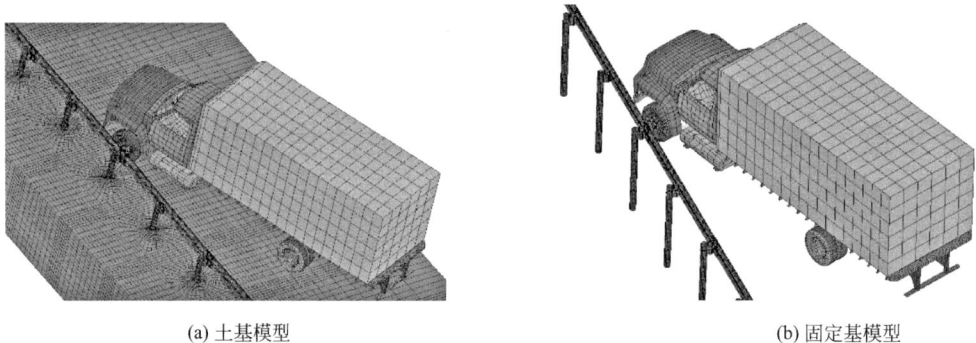

图 8-1　计算模型

在碰撞模拟过程中，货车采用 10t 重标准厢式通用货车模型，动力反应重点观测护栏本身。这样的简化不影响评判土体对抑制碰撞效应的贡献，而且也排除车辆因素可能带来的干扰。参考碰撞条件规定，车辆速度取为 60km·h^{-1}，碰撞角度（即车辆行驶路线与护栏之间的夹角）设为 20°。钢制波形梁护栏按照 A 级护栏进行建模，梁板尺寸为 310mm×85mm×4mm，防阻块尺寸为 196mm×178mm×200mm×4.5mm，具体构件详细尺寸参考相关文献。立柱采用 ϕ140mm×4.5mm 直接打入式圆柱钢管，未设置混凝土基础，地上尺寸为 750mm，埋入地下 1400mm。波形梁、防阻块和立柱均可采用壳单元模拟，如图 8-2～图 8-4 所示；土基选用六面体实体单元模拟，由于路基土体经过加密处理以及在高速冲击下土体本构关系缺乏实测参数，因此不考虑钢管桩打入时的局部挤土效应。防阻块是波形梁与立柱之间的传力部件，通过螺栓将二者连接。波形梁板、空心的防阻块、立柱等钢构件均选用 24 号 MAT_PIECEWISE_LINEAR_PLASTICITY 分段线性弹塑性材料模型，材料密度为 $7.85×10^3$kg·m^{-3}，弹性模量和屈服强度分别为 210GPa 和 375MPa，泊松比取为 0.3；土体材料模型及参数见相关参考文献的测试结果，土体的黏聚力和内摩擦角分别为 49.33kPa 和 1.0122rad，密度为 $2.2×10^3$kg·m^{-3}，变形模量取为 172.5MPa，泊松比取为 0.25，剪切模量和体积模量可由变形模量和密度换算得出。

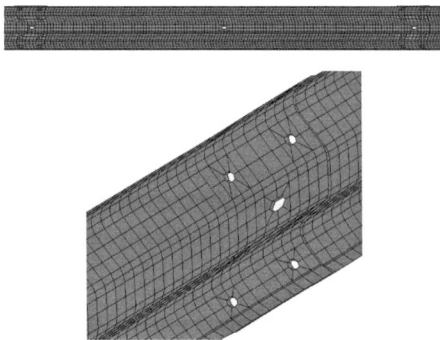

图 8-2　波形梁有限元模型

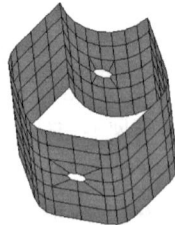

图 8-3　防阻块有限元模型

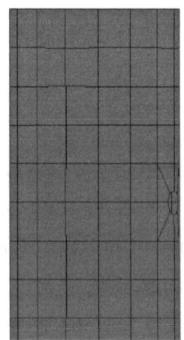

图 8-4　立柱有限元模型

一旦正常行驶的车辆因意外偏离车道并与护栏出现非损毁性碰撞时，理想的情况是护栏通过不断吸收碰撞能量，然后逐步缓慢将车引导回原来的车道。通过观察车辆与护栏之间的碰撞反应过程，并横向对比固定基模型和土基模型的反应指标，可评判分析土基对碰撞过程的影响程度。

8.2　车辆运动轨迹

车辆运动轨迹如图 8-5 所示，图 8-5（a）和图 8-5（b）分别对应固定基模型和土基模型，x 轴为车辆行进方向，y 轴与之垂直，t 表示碰撞发生后对应的不同时刻。从宏观模拟现象来看，无论是固定基模型还是土基模型，对应情况下的护栏在吸收一定比例的碰撞能量之后均可迫使车辆驶回原来车道。两个模型中汽车的驶入角度均为 20°，驶出角度都不足 6°，符合车辆碰撞后的驶出角度应小于碰撞角度 60% 的规定，具有清晰的导向作用。二者之间不同时刻的车辆轨迹肉眼几乎看不出区别，但由于柔性土基可通过变形吸能，适度延长碰撞时间，这种情况下实际上车辆与护栏脱离接触的时间要略长于固定基模型。

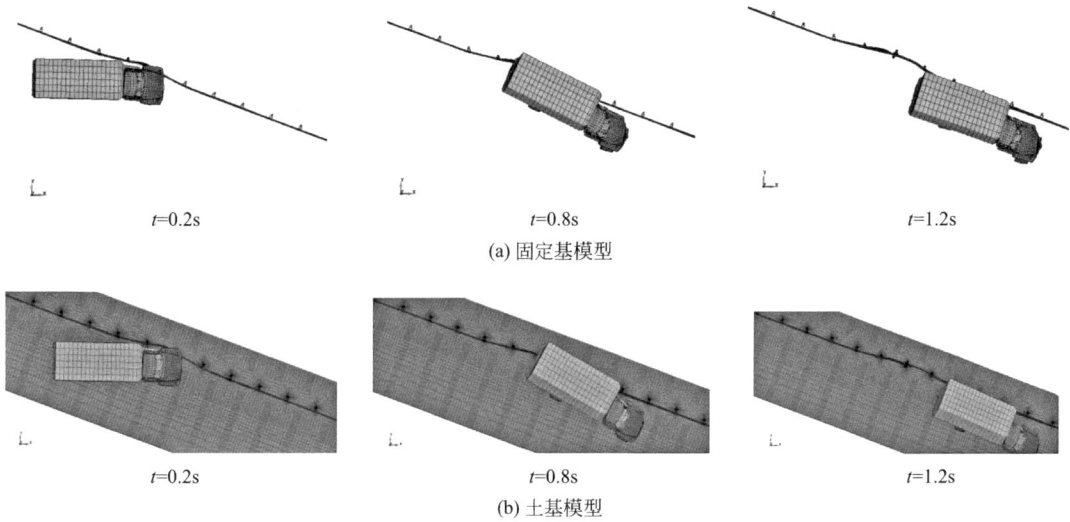

| t=0.2s | t=0.8s | t=1.2s |

(a) 固定基模型

| t=0.2s | t=0.8s | t=1.2s |

(b) 土基模型

图 8-5　车辆运动轨迹

8.3　护栏变形

车辆初始沿 x 轴方向行驶，同样条件下沿护栏横向的约束土体宽度最窄，因此可选取护栏的横向位移 d 进行观测分析。d 可由 x 轴方向的位移 x 和 y 轴方向的位移 y 按公式 $d = x\sin20° + y\cos20°$ 合成，如图 8-6 所示，固定基模型中护栏的最大横向位移发生在波形梁图示位置 A（节点 93130）处，靠近变形最大的立柱处，约为 596.64mm；土基模型中护栏的最大横向位移发生在波形梁图示位置 B（节点 98759）处，与 A 处相距较近，约为 634.19mm。后者对应的最大横向位移比前者约增加 6.3%，A、B 两处的冲击时程曲线如图 8-7 所示。

由于坐标系选取的原因，横向位移需如上推导得出，但护栏的合成位移可以直接提取而来，并借以分析不同计算模型中护栏的变形吸能情况。总体上，合成位移中 z 向分量影

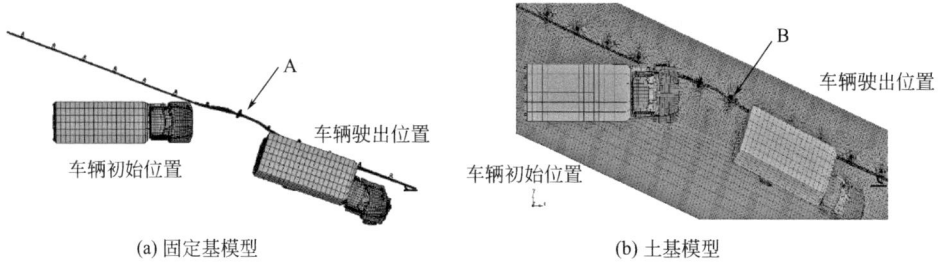

(a) 固定基模型　　　　　　　　　　(b) 土基模型

图 8-6　护栏的横向位移

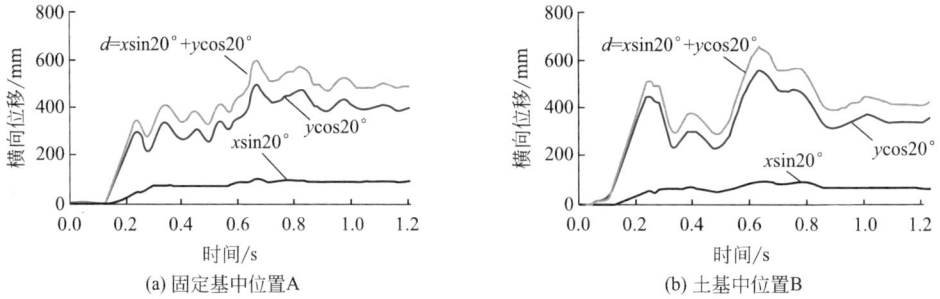

(a) 固定基中位置A　　　　　　　　(b) 土基中位置B

图 8-7　横向位移时程曲线

响很小，为避免不必要的干扰，可予以忽略，实际仅考虑 x 向和 y 向的合成位移，如图 8-8 所示。固定基模型中护栏位置 A 处（节点 93130）的最大合成位移约为 603.97mm；土基模型中护栏位置 B 处（节点 98759）的最大合成位移约为 636.87mm。后者对应的最大合成位移比前者约增加 5.4%，与仅观察横向位移的情况比较接近。由此说明，在对护栏进行变形分析的过程中，重点关注其横向位移即可。

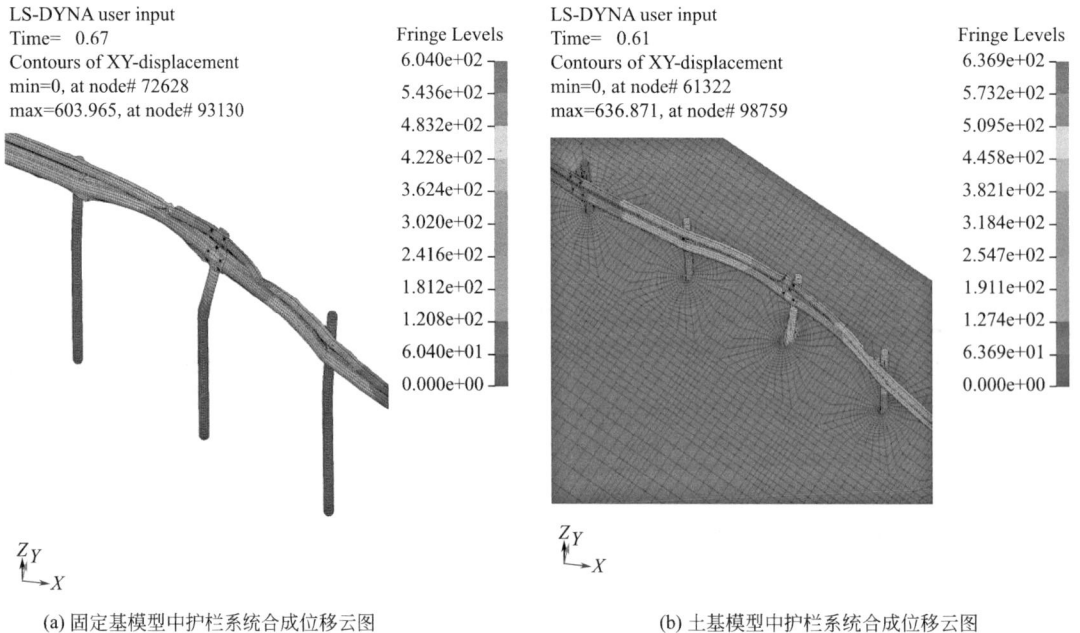

(a) 固定基模型中护栏系统合成位移云图　　　　　　　　(b) 土基模型中护栏系统合成位移云图

图 8-8　护栏系统 x-y 向合成位移云图（一）

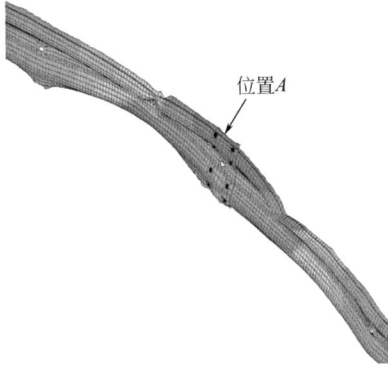

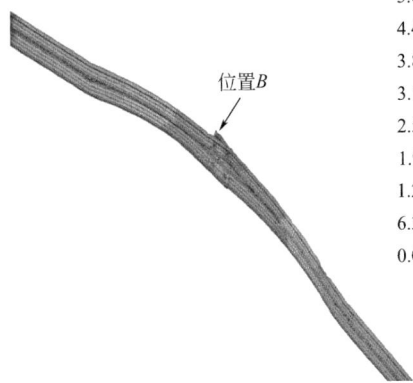

(c) 固定基模型中梁板合成位移云图　　　　　　(d) 土基模型中梁板合成位移云图

图 8-8　护栏系统 x-y 向合成位移云图（二）

8.4　土基变形分析

不同于固定基，土基模型中土体通过变形也可耗散碰撞能量，土基的变形如图 8-9 所示。由于土体即使单向受力其余两向变形也相对比较明显，因此土基总位移采取 x-y-z 三向合成位移进行分析。在位置 C（节点 737487）处，受立柱挤压导致变形很大，最大合成位移约为 200.26mm。土基中最大位移约发生在 0.61s 时刻，在此之后位移发生突变，表明土基开始失效，如图 8-10 所示。土基在快速挤压失效后，仍可继续变形耗能，但考虑接触部位将因大变形出现有限元网格畸变现象，故该时刻后的数据考虑到误差的因素不予考虑。

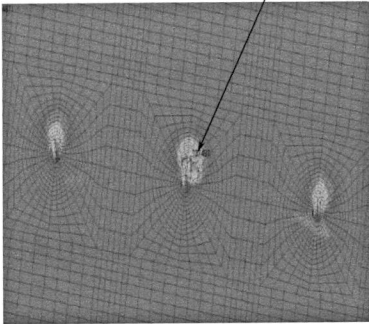

图 8-9　土基总位移云图

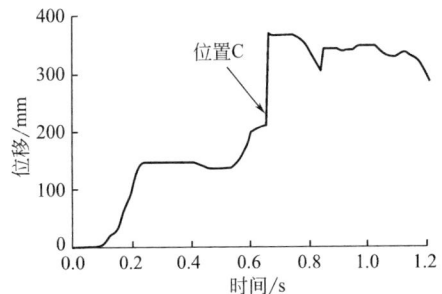

图 8-10　土基 C 处合成位移时程曲线

8.5　土基护栏各部件吸能情况分析

尽管可以借助护栏整体位移来判断整个护栏系统的宏观变形吸能情况，但还不能区分护栏系统中各部件的能量吸收情况，这是因为护栏各部件包括梁板、防阻块、立柱、土基等的变形实际上是相互影响的。欲分析土基的变形吸能情况，可以提取计算各部件的变形吸能比例，如图 8-11 所示。结合土基模型中护栏最大位移出现时刻，可以发现：对应突变时刻，梁板吸收能量为 129kJ，约占护栏整体吸收能量的 63%；立柱吸收的能量为 27kJ，约占护栏整体吸收能量的 13%；防阻块吸收的能量为 15kJ，约占护栏整体吸收能量的 8%；土基吸收能量为 33kJ，约占护栏整体吸收能量的 16%。如前所述，在突变时刻后由于土基失效变形会快速增加，仍可吸收一定的碰撞能量，但考虑大变形计算误差的可能，后续时刻数据不再予以统计。

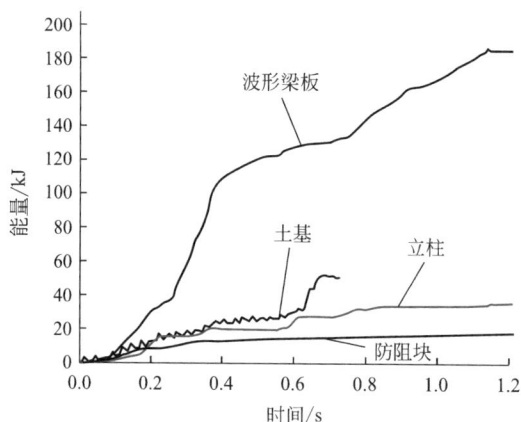

图 8-11　护栏各部件吸收碰撞能量的时程曲线

根据上述护栏各部件的吸能比例，可以发现：在整个护栏部件中，波形梁板吸能最多；地基土体和立柱次之，二者吸能比例接近，前者略优于后者；防阻块吸能最少。其中，土基一项吸收的能量约占整体的 1/6，甚至超过了立柱，仅次于波形梁板。因此，土基约束对于抑制护栏的碰撞效应是比较明显的，不容忽视。考虑地基失效后的持续变形，实际的吸能效果将会更为突出。

8.6　结　论

（1）车辆和护栏发生碰撞时，土基模型下护栏尽管整体位移较大，但可以此为代价通过土体变形吸能，减少上部梁板所受到的冲击效应。

（2）在整个护栏各部件中，除去波形梁板，土基对于抑制外部碰撞作用的贡献最大，甚至优于立柱，因此在实际的计算分析或设计过程中，需结合土体具体条件予以考虑，否则将与实际过程发生较大的出入。

第9章　钢筋混凝土复合防护梁的抗撞性能研究

在针对工程结构或构件进行荷载组合分析的过程中，过去一般很少考虑爆炸或者碰撞类荷载的作用，这就导致在冲击荷载作用下结构或构件显得非常脆弱，极易受损或者破坏。另外，因冲击类荷载导致工程结构或者构件失效的事例在实际工程中并不少见，譬如超高桥梁擦撞面板下部主梁、偏离航道的船舶撞击桥墩、建筑施工过程中高空坠物撞击楼板等。因此，如何使结构构件抵御这类冲击荷载的作用效应，具有重要的研究价值。

抑制结构构件的冲击效应一般可以考虑下面三种途径：一是依靠构件自身的变形、开裂或者屈曲来减缓碰撞作用，例如钢结构构件可以利用大变形性能来吸收冲击能量；二是在构件材料组成中添加防护材料来提高构件的抗冲击承载力，例如在混凝土成分中添加钢纤维；三是在构件外部添加防护装置借以耗散冲击能量，通过牺牲防护装置来保全关键承载构件。显然，按途径三进行构件设计最为理想，主要表现在对材料性能不做过高要求、小荷载下结构可不受损和防护装置受损相对易于替换修复等。此外，在结构构件中梁是主要承载构件的表现形式之一，包括柱构件在内的杆单元一般都可采用梁单元进行分析。

基于上述考虑，本章拟针对钢筋混凝土梁采用不同的防护措施，通过数值模拟评估分析对应的抗撞性能。同时，验证前期提出的阵列式刚柔复合防护体系的相对优劣性。

9.1　防护装置与计算参数

9.1.1　阵列式复合防护装置工作原理简介

阵列式复合防护装置采用区格式构造，如图 9-1 所示。这种刚柔复合防护型装置具有两道防护层，第一道为刚性防护层，第二道为柔性防护层。柔性防护层之后即为待防护构件，二者相互接触。可以发现，实际采用的分块式柔性层与传统整体式柔性层做法是不一样的，采取了阵列式分割布置的方式。在刚性层较均匀地把冲击作用传递到各个柔性块之后，分布的柔性块由于侧向约束作用相对较小，比整体式柔性层变形更大，可以吸收更多耗散的外部能量。

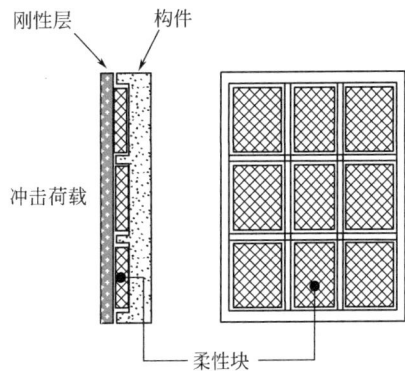

图 9-1　陈列式复合防护装置示意

9.1.2　计算模型参数

计算模型中选取待模拟的钢筋混凝土梁长为 1700mm、宽为 95mm、高为 160mm。在梁的基本尺寸确定之后，刚性层选用钢板模拟，长、宽和厚度分别取 200mm、95mm 和 10mm；考虑落锤和钢筋混凝土梁的形状以及尺寸的局限性，柔性层选取长 300mm、宽 95mm 和厚为 10mm 的橡胶块模拟；落锤采用长方体形式，冲击接触面是边长为 220mm

的正方形，高度小于其余两维尺寸，取为 175mm，主要考虑降低落锤重心，其质量为 65kg。碰撞模拟过程采用 ANSYS/LS-DYNA 进行。

计算中钢板、落锤均为钢质构件，选取各向同性的弹性模型，而受拉/压钢筋和箍筋则采用双线性随动硬化材料模型；未来变形主要集中在橡胶层，采用模拟橡胶的经典 Blatz-Ko 非线性模型；混凝土采用考虑动态损伤的 HJC 模型，可反映冲击效应对本构模型的影响。除钢筋需要选用 LINK160 杆单元模拟以外，前述其余构件均用 SOLID164 实体单元进行实体划分。钢材密度取为 $7.85 \times 10^3 \text{kg/m}^3$，弹性模量、屈服强度分别为 210GPa 和 375MPa，泊松比取为 0.3；混凝土密度为 $2.4 \times 10^3 \text{kg/m}^3$，剪切模量取为 14.5GPa，泊松比取为 0.2；橡胶密度取为 $1.15 \times 10^3 \text{kg/m}^3$，剪切模量取为 1.04Pa，泊松比取为 0.46。采用 ANSYS/LS-DYNA 模块进行分析计算，建立的几何模型如图 9-2 所示。

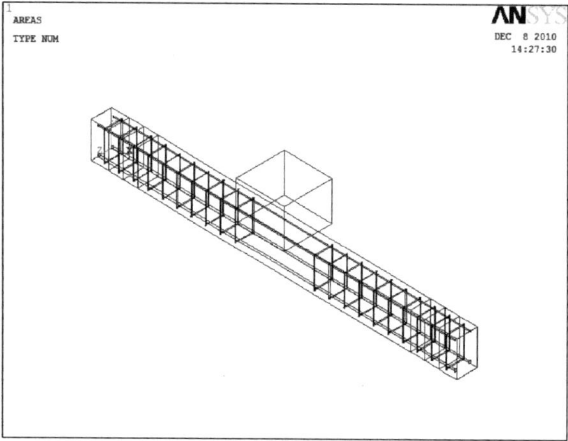

图 9-2　钢筋混凝土梁几何分析模型

9.2　数值结果分析

对于不同约束形式，即使同一种防护措施，待考查的钢筋混凝土梁内力和变形情况以及抗撞效果均可能有所不同。鉴于此，下面按两端固支梁、两端铰支梁和一端固支一端铰支梁的先后顺序，进行防护效果的比较分析。

9.2.1　两端固支梁

冲击荷载情况下梁的变形可以通过应变和位移进行考查，梁的纵向应变如图 9-3 所示。根据碰撞过程中的应变云图，可以发现各种防护措施下最大拉应变和最大压应变保持在同一数量级。裸梁和刚性防护措施下，观测梁的大应变区域主要出现在碰撞位置附近，压应变峰值对应跨中上表面，拉应变峰值出现在跨中下表面。柔性和刚柔复合防护措施下，总体上大应变区域仍出现在跨中附近，但应变峰值位置迁移到近支座位置。

在应变分析的基础上，针对裸梁、刚性防护梁、柔性防护梁和复合防护梁可分别提取冲击力、位移和加速度时程曲线，如图 9-4～图 9-6 所示。整个碰撞过程持续时间极短，约为 5ms。冲击力和加速度时程曲线存在数个循环，而位移时程曲线变化趋势则比较简单，先上升后衰减，仅在尾部略有变化。

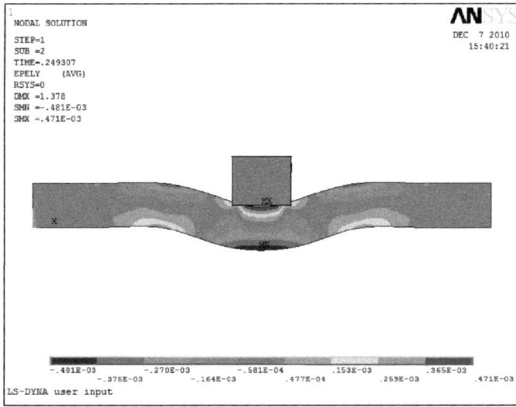
(a) 裸梁

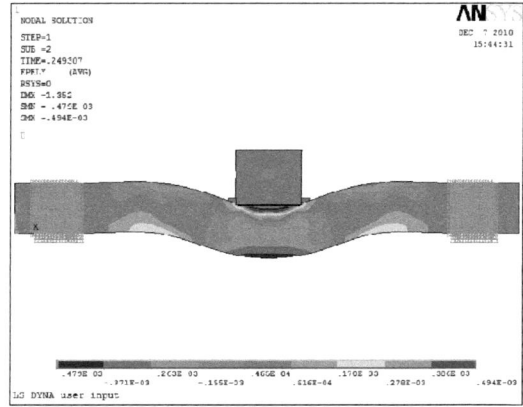
(b) 刚性防护梁

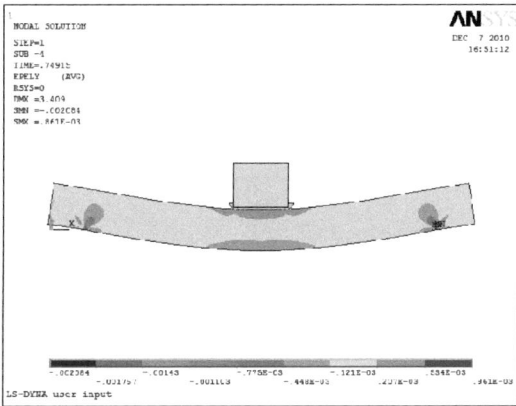
(c) 柔性防护梁

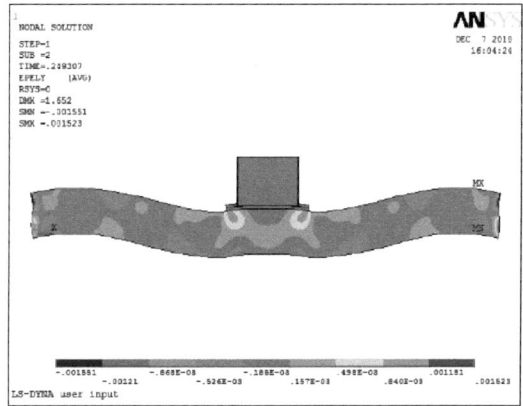
(d) 复合防护梁

图 9-3　两端固支梁应变分布图

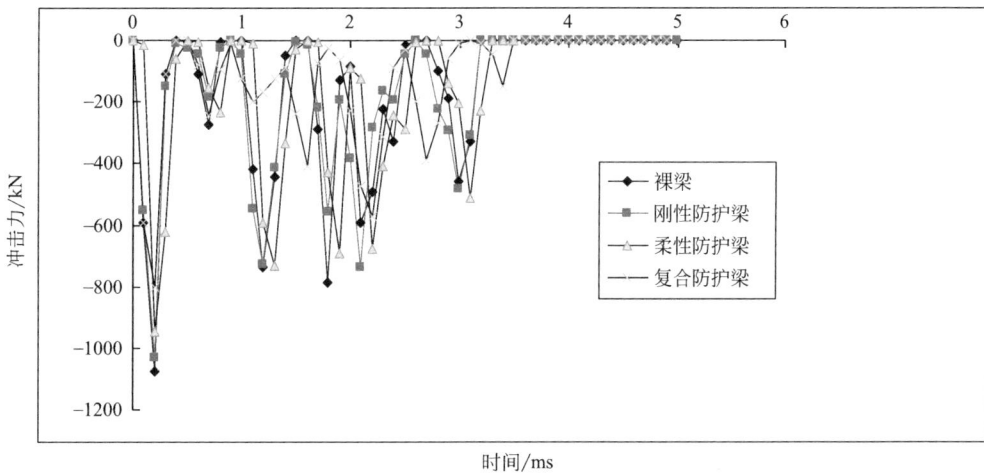

时间/ms

图 9-4　两端固支梁冲击力时程曲线

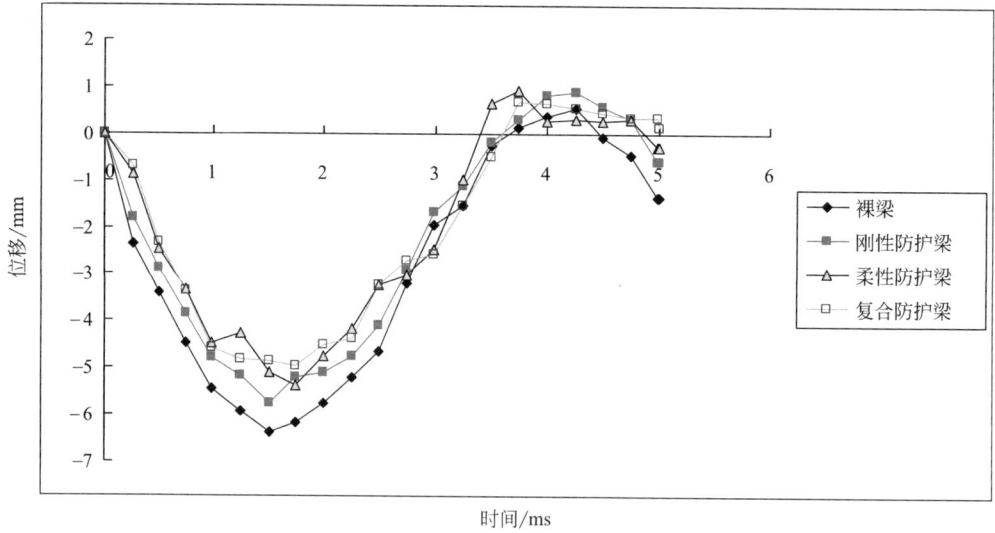

图 9-5 两端固支梁位移时程曲线

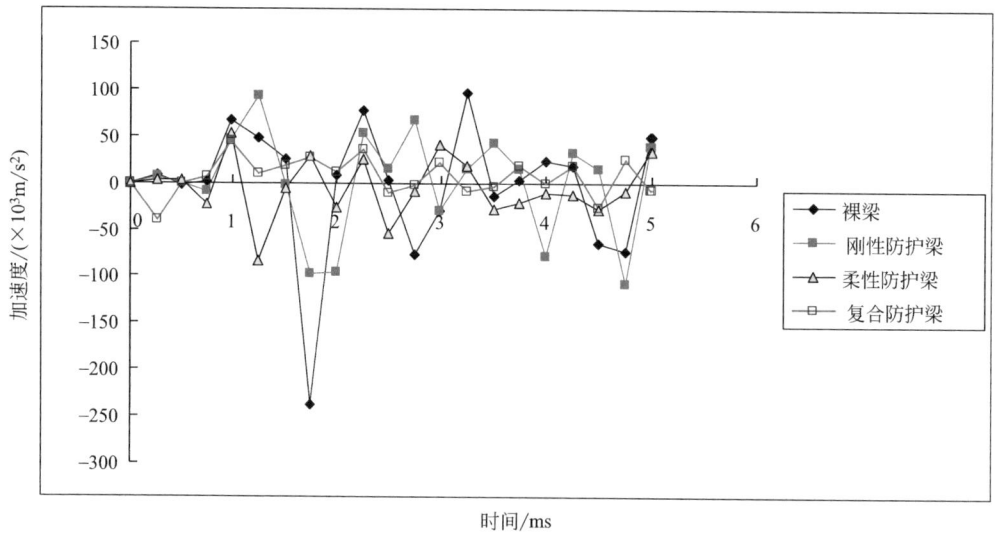

图 9-6 两端固支梁加速度时程曲线

关于两端固定约束下钢筋混凝土梁对应不同防护措施的效果进一步统计参见表 9-1。表 9-1 中分别给出了对应裸梁、刚性防护、柔性防护和复合防护措施下冲击力、位移和加速度的峰值，括号内的数值为各种防护措施下相对于裸梁的冲击响应减少百分率。按照冲击力指标，三种措施下的防护效果比值为复合防护：柔性防护：刚性防护＝6.38：3.03：1。观测梁的位移和加速度反应与冲击力是直接关联的，刚性防护、柔性防护和复合防护措施对梁均有一定的防护效果，其中复合防护效果最好，柔性防护次之。

防护措施	冲击力/kN	位移/mm	加速度/(mm·ms^{-2})
裸梁	1075.83	6.39	237.54
刚性防护	1032.76(4.0%)	5.77(9.7%)	97.14(59.1%)
柔性防护	945.53(12.1%)	5.37(16.0%)	82.88(65.1%)
复合防护	801.23(25.5%)	4.96(22.4%)	41.03(82.7%)

9.2.2 两端铰支梁

两端铰支梁的冲击应变如图 9-7 所示。与两端固支梁类似的是，在碰撞位置附近仍存在大应变集中区域；不同的是应变突变性不如前者显著。

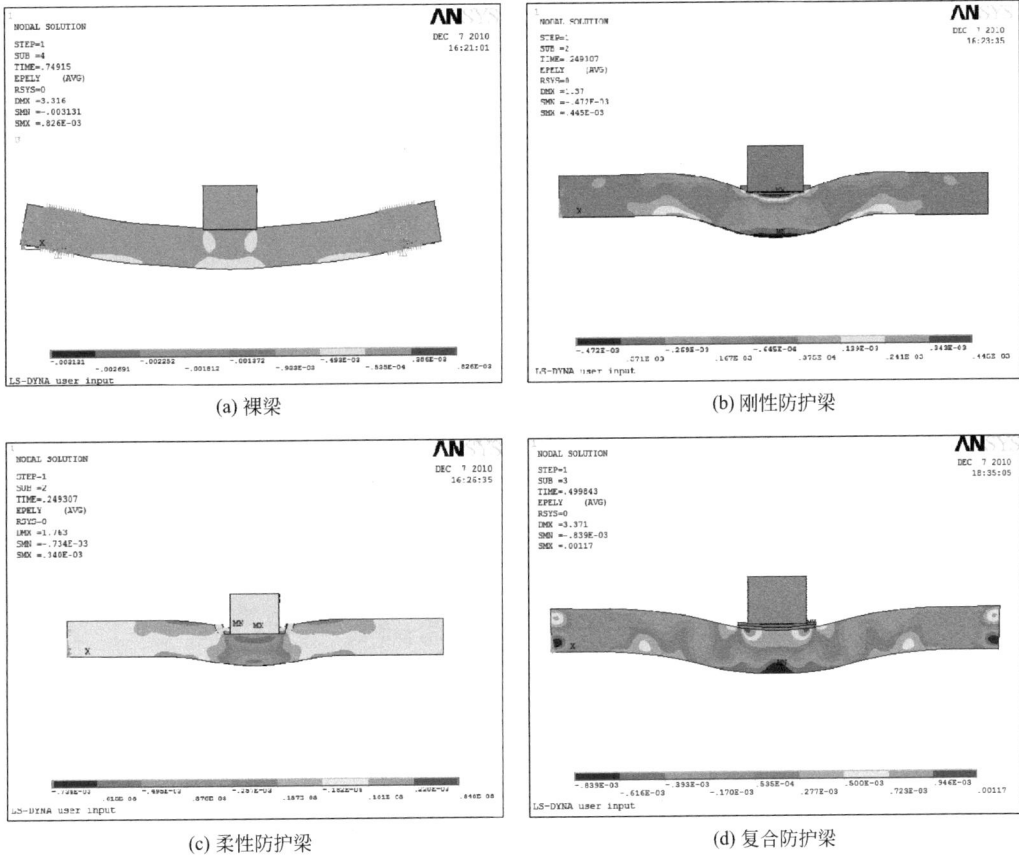

(a) 裸梁

(b) 刚性防护梁

(c) 柔性防护梁

(d) 复合防护梁

图 9-7 两端铰支梁应变分布图

在应变分析的基础上，针对裸梁、刚性防护梁、柔性防护梁和复合防护梁可分别提取冲击力、位移和加速度时程曲线，如图 9-8～图 9-10 所示。

表 9-2 中分别给出了对应裸梁、刚性防护、柔性防护和复合防护措施下冲击力、位移和加速度的峰值，括号内的数值为各种防护措施下相对于裸梁的冲击响应减少百分率。按照冲击力指标，防护效果比值为复合防护：柔性防护：刚性防护＝5：4.43：1；按照位移指标，防护效果比值为复合防护：柔性防护：刚性防护＝2.44：1.95：1；按照加速度指标，防护效果比值为复合防护：柔性防护：刚性防护＝1.36：1.2：1。

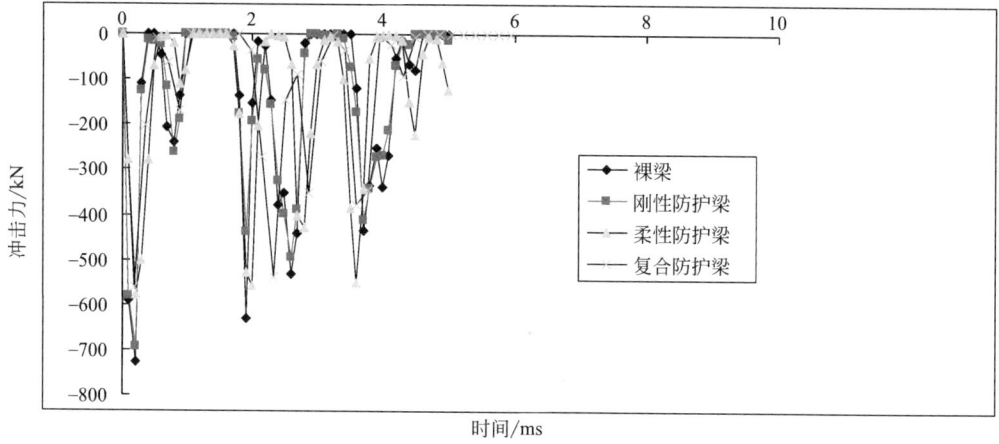

图 9-8　两端铰支梁冲击力时程曲线

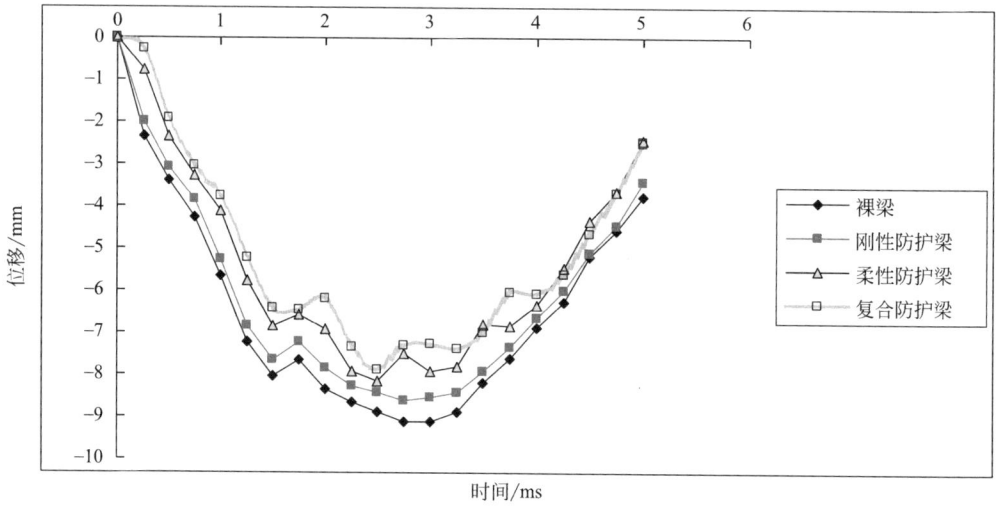

图 9-9　两端铰支梁位移时程曲线

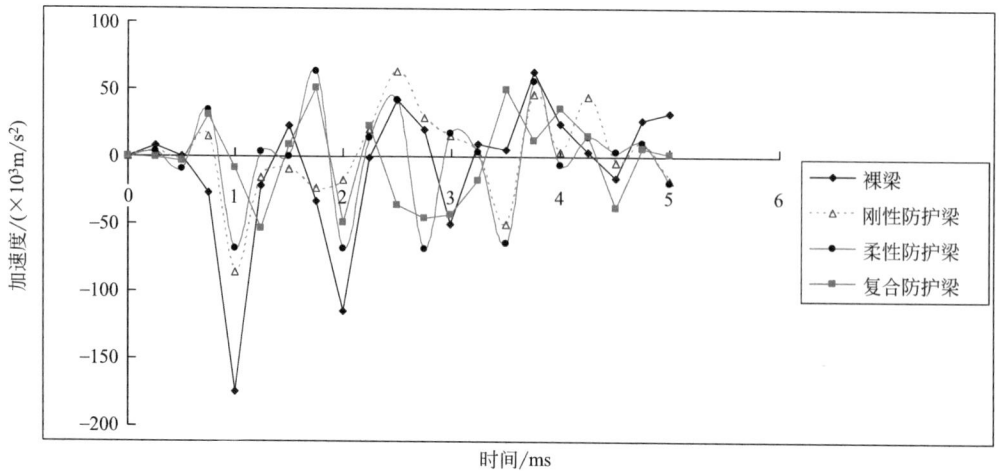

图 9-10　两端铰支梁加速度时程曲线

防护措施	冲击力/kN	位移/mm	加速度/(mm·ms^{-2})
裸梁	727.12	9.12	174.32
刚性防护	693.60(4.6%)	8.62(5.5%)	85.78(50.8%)
柔性防护	578.73(20.4%)	8.14(10.7%)	67.99(61.0%)
复合防护	560.23(23.0%)	7.90(13.4%)	53.68(69.2%)

9.2.3　一端固支一端铰支梁

一端固支一端铰支梁的碰撞应变如图 9-11 所示，在碰撞位置附近也存在大应变集中区域。根据约束情况，应变情况应介于前二者之间。

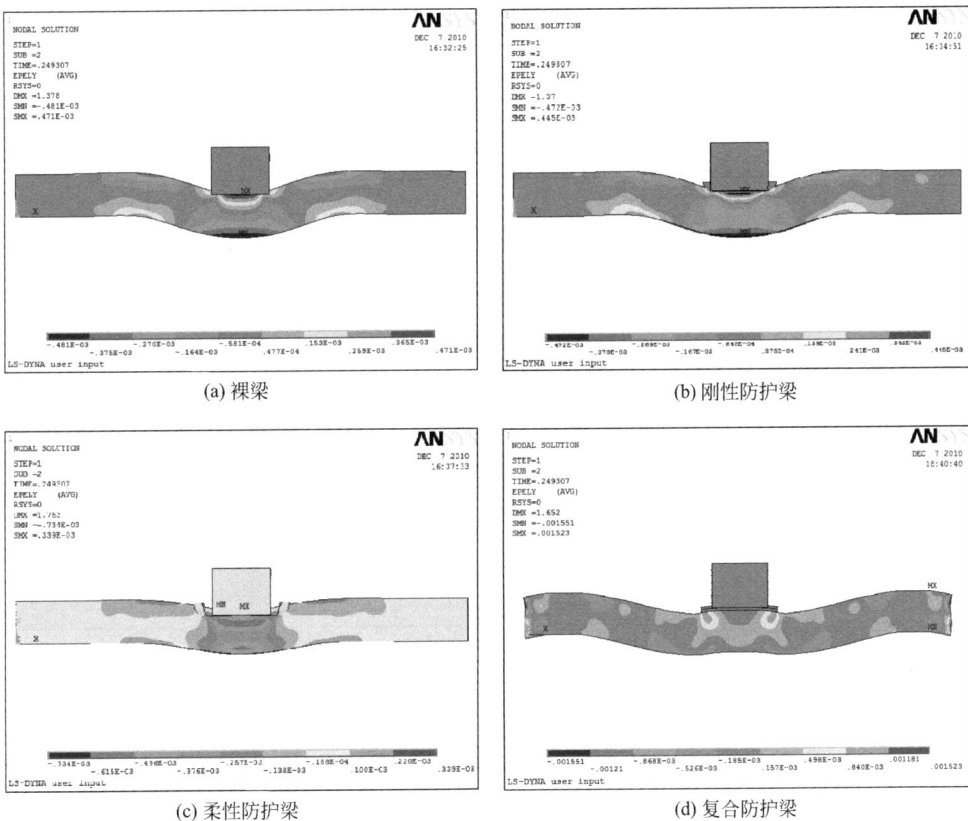

(a) 裸梁

(b) 刚性防护梁

(c) 柔性防护梁

(d) 复合防护梁

图 9-11　一端固支一端铰支钢筋混凝土梁应变图

在应变分析的基础上，针对裸梁、刚性防护梁、柔性防护梁和复合防护梁可分别提取冲击力、位移和加速度时程曲线，如图 9-12～图 9-14 所示。

表 9-3 中分别给出了对应裸梁、刚性防护、柔性防护和复合防护措施下冲击力、位移和加速度的峰值，括号内的数值为各种防护措施下相对于裸梁的冲击响应减少百分率。按照冲击力指标，防护效果比值为复合防护：柔性防护：刚性防护＝3.87：3.62：1；按照位移指标，防护效果比值为复合防护：柔性防护：刚性防护＝3.48：2.25：1；按照加速度指标，防护效果比值为复合防护：柔性防护：刚性防护＝3.81：2.60：1。

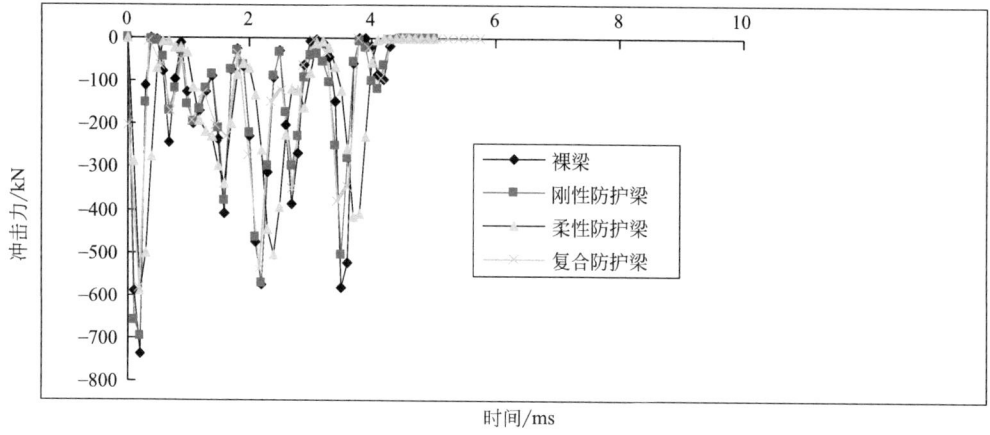

图 9-12　一端固支一端铰支梁冲击力时程曲线

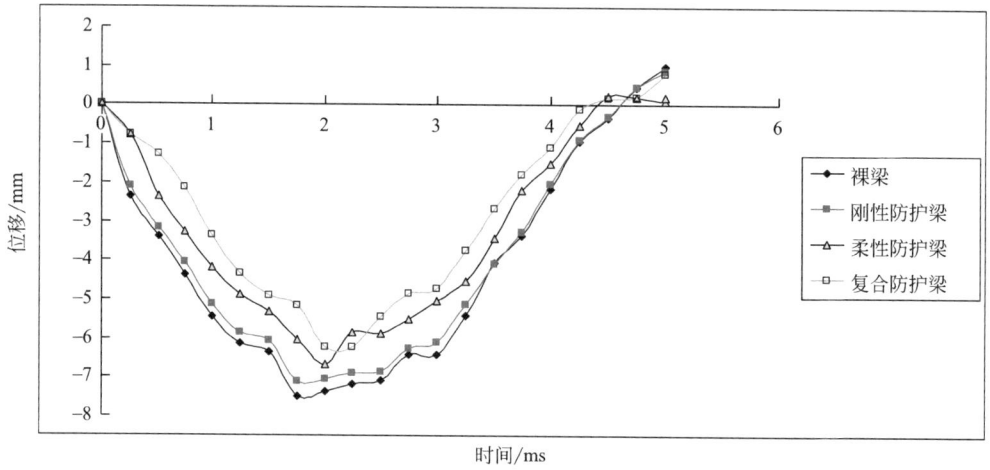

图 9-13　一端固支一端铰支梁位移时程曲线

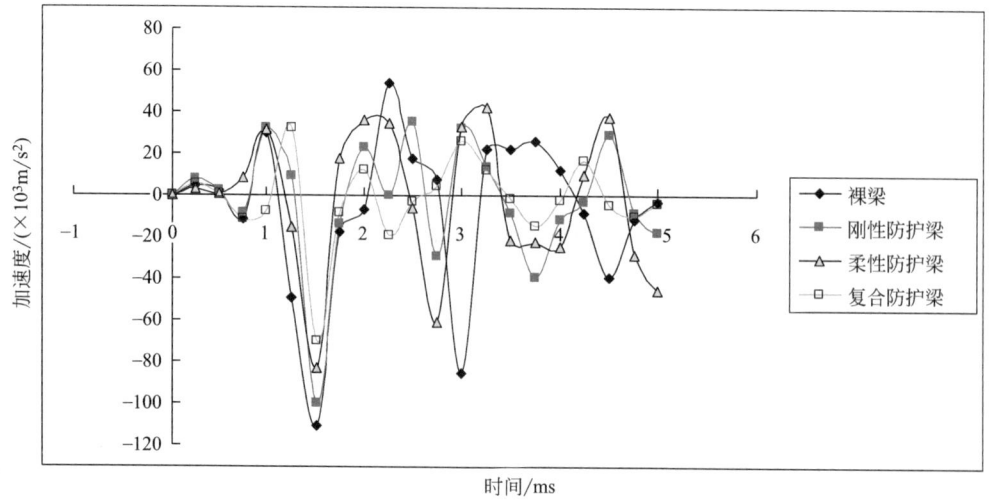

图 9-14　一端固支一端铰支梁加速度时程曲线

一端固支一端铰支梁冲击响应

表 9-3

防护措施	冲击力/kN	位移/mm	加速度/(mm·ms^{-2})
裸梁	737.72	7.48	110.89
刚性防护	697.40(5.5%)	7.12(4.8%)	100.21(9.6%)
柔性防护	591.23(19.9%)	6.67(10.8%)	83.21(25.0%)
复合防护	580.79(21.3%)	6.23(16.7%)	70.25(36.6%)

9.3 结 论

（1）钢筋混凝土梁的冲击应变最大值主要出现在受冲击部位和两端约束部位附近。

（2）梁的约束形式对冲击力峰值影响显著。在相同的防护条件和冲击条件下，两端固支梁的冲击力最大，其次是一端固支一端铰支梁，最小的是两端铰支梁。

（3）在相同的冲击条件下，根据位移、加速度和冲击力等指标评判，复合防护的效果最优。

参　考　文　献

[1]　王焕定. 有限单元法基础[M]. 北京：中国建筑工业出版社，1997.

[2]　徐芝纶. 弹性力学简明教程[M]. 北京：高等教育出版社，1992.

[3]　DARY L. LOGAN. 有限元方法基础教程[M]. 伍义生，等，译. 北京：电子工业出版社，2003.

[4]　江见鲸. 有限元法及其应用[M]. 北京：机械工业出版社，2006.

[5]　朱伯芳. 有限单元法原理与应用[M]. 4 版. 北京：中国水利水电出版社，2018.

[6]　郭和德. 有限单元法概论[M]. 北京：清华大学出版社，1998.

[7]　中华人民共和国交通运输部. 公路护栏安全性能评价标准：JTG B05-01—2013[S]. 北京：人民交通出版社，2013.

[8]　中华人民共和国交通运输部. 公路交通安全设施设计细则：JTG/T D81—2017[S]. 北京：人民交通出版社，2017.

[9]　周泽平，王明洋，冯淑芳，等. 钢筋混凝土梁在低速冲击下的变形与破坏研究[J]. 振动与冲击，2007，26(5)：99-103.

[10]　李媛. 设有复合防护层的结构构件抗撞性能分析[D]. 北京：北京科技大学，2012.

[11]　WANG Y, QIAN X D, LIEW R J Y, et al. Experimental behavior of cement filled pipe-in-pipe composite structures under transverse impact [J]. International Journal of Impact Engineering, 2014, 72: 1-16.

[12]　IVAÑEZ I, BARBERO E, SAEZ S S. Analytical study of the low-velocity impact response of composite sandwich beams [J]. Composite Structures, 2014, 111: 459-467.

[13]　SOMASUNDARAM D S, TRABIA M B, O'TOOLE B J, et al. A methodology for predicting high impact shock propagation within bolted-joint structures [J]. International Journal of Impact Engineering, 2014, 73: 30-42.

[14]　AMINANDA Y, CASTANIE'B, BARRAU J J, et al. Experimental and numerical study of compression after impact of sandwich structures with metallic skins [J]. Composites Science and Technology, 2009, 69: 50-59.

[15]　NAKAMOTO H, ADACHI T, ARAKI W. In-plane impact behavior of honeycomb structures randomly filled with rigid inclusions [J]. International Journal of Impact Engineering, 2009, 36: 73-80.

[16]　WANG D. Impact behavior and energy absorption of paper honeycomb sandwich panels [J]. International Journal of Impact Engineering, 2009, 36: 110-114.

[17]　CHO S R, TRUONG D D, SHIN H K. Repeated lateral impacts on steel beams at room and sub-zero temperatures [J]. International Journal of Impact Engineering, 2014, 72: 75-84.

[18]　JIANG H, CHORZEPA M G. Aircraft impact analysis of nuclear safety-related concrete structures: A review [J]. Engineering Failure Analysis, 2014, 46: 118-133.